基于深度学习的
人工智能算法研究

褚燕华　王丽颖　著

重庆大学出版社

内容提要

本书主要介绍了基于深度学习的人工智能算法。全书共3篇:第1篇机器阅读理解,共4章:机器阅读理解绪论、机器阅读理解技术、对话式机器阅读理解研究和多文档机器阅读理解研究。第2篇知识图谱,共6章:知识图谱绪论、知识图谱相关技术、数控机床故障领域的命名实体识别、数控机床故障领域的实体关系抽取、数控机床故障知识图谱的构建与应用和基于知识图谱的数控机床故障问答系统研究。第3篇图像识别,共7章:图像识别绪论、相关理论和算法介绍、基于机器视觉传统算法的指针式水表读数识别方法、基于深度学习算法的指针式水表读数识别方法、基于深度学习算法的指针式水表读数识别方法实验、水表读数识别系统的设计与实现和水表读数识别系统App的设计与实现。

本书适合作为面向计算机专业高年级和非计算机专业研究生的人工智能课程的参考书,也可作为人工智能的科技人员参考用书。

图书在版编目(CIP)数据

基于深度学习的人工智能算法研究 / 褚燕华,王丽颖著. -- 重庆:重庆大学出版社,2023.2
ISBN 978-7-5689-3839-6

Ⅰ.①基… Ⅱ.①褚… ②王… Ⅲ.①人工智能—算法—研究 Ⅳ.①TP183

中国国家版本馆CIP数据核字(2023)第076792号

基于深度学习的人工智能算法研究

JIYU SHENDU XUEXI DE RENGONG ZHINENG SUANFA YANJIU

褚燕华 王丽颖 著
策划编辑:鲁 黎

责任编辑:姜 凤 版式设计:鲁 黎
责任校对:关德强 责任印制:张 策

*

重庆大学出版社出版发行
出版人:饶帮华
社址:重庆市沙坪坝区大学城西路21号
邮编:401331
电话:(023)88617190 88617185(中小学)
传真:(023)88617186 88617166
网址:http://www.cqup.com.cn
邮箱:fxk@cqup.com.cn(营销中心)
全国新华书店经销
中雅(重庆)彩色印刷有限公司印刷

*

开本:787mm×1092mm 1/16 印张:13.25 字数:267千
2023年2月第1版 2023年2月第1次印刷
ISBN 978-7-5689-3839-6 定价:68.00元

近年来,随着互联网技术和人工智能的飞速发展,数据量呈爆炸式增长,人们每天面对如此繁杂的数据,如何获取自己想要的信息已成为一大难题。自然语言处理是人工智能领域非常重要的分支,在各行业中具有重要的现实意义。本书第一部分介绍自然语言处理领域内的重要研究方向——机器阅读理解。

机器阅读理解的目的是让机器能像人一样阅读文本,其主要流程是给定文章和问题,机器在理解的基础上给出正确答案,是自然语言处理的重要任务。目前,人们的生活节奏不断加快,致使时间变得碎片化,如果能让机器理解人类语言,将对人机交互产生巨大的影响。

本书主要研究对话式机器阅读理解任务和多文档机器阅读理解任务。对话式机器阅读理解将对话与机器阅读理解相结合,在回答问题时需考虑文章和对话历史,对答案和对话行为进行预测。在多文档机器阅读理解任务中,每个问题对应着多篇文档,在多篇文档中抽取出与问题有关的段落,截取成一个不超过最大预设长度的文本序列参与阅读理解模型的训练。

将复杂的文本数据用图像来描述,就可以使人们更精确、更快捷地掌握关联信息,也更容易对信息加以理解,本书第二部分主要讲述的是知识图谱。随着智慧制造业的蓬勃发展,知识图谱在制造业中的应用也备受关注。因此,本书将制造业应用领域内的计算机数控(Computerized Numerical Control, CNC)机床故障作为基础数据,研究了基于深度学习的数控机床故障知识图谱构建技术和基于知识图谱的问答系统,为用户有效梳理和呈现相关的信息单元,并通过应用功能查询相关信息,帮助用户进行合理决策。

随着5G时代的到来,智慧水务得到快速的发展。但目前仍然存在采用传统人工抄表记录用水量的方式,通过图像识别技术可以实现水表智能读数的解决方案。本书第三部分介绍图像识别技术。主要基于机器视觉传统算法和深度学习算法分别设计了指针式水表读数检测方案,设计实现了水表读数识别应用系统,将水表识别应用系统部署在移动端上,实现水表图像自动读数的功能,便于城镇居民进行用水量查询和水费缴纳,同时可以降低水务公司的管理运营成本。

本书由褚燕华、王丽颖撰写,陈亮、刘海佳、蒋文、王乾龙、何月和包霞参与资料搜集整理等工作,在此一并表示感谢。

由于著者水平有限,书中难免存在疏漏之处,恳请各位同仁和广大读者给予批评指正。

著　者

2022年11月

目 录

CONTENTS

第2篇 知识图谱

第3篇　图像识别

第1篇　机器阅读理解

第1章 机器阅读理解绪论

1.1 研究背景及意义

近年来,随着互联网技术的高速发展和硬件设施的研发,深度学习的发展也日新月异。一方面,人们无时无刻不在使用着互联网发展的产物。在使用互联网的过程中,直接或间接地产生了大量的数据,所产生的数据类型也各式各样。在此之前,深度学习就已有所发展,这些规模庞大且类型复杂的数据又为深度学习的深入发展提供了必需的条件,研究人员也对人工智能的各个领域进行了更进一步的研究。另一方面,随着计算机硬件设备的更新升级,硬件问题得以解决。神经网络模型也有了现实的基础,大量模型被建立并广泛应用到人工智能的各个领域中,例如,在图像识别、语音识别、故障检测等机器感知智能方面取得了较好的成就。自然语言处理(Natural Language Processing, NLP)[1-7]是人工智能应用的一个重要方向,也是通往人工智能的必经之路。

通过查阅有关自然语言处理方面的资料,深入地了解该领域的现状。在自然语言处理领域内,随着深度学习的高速发展,机器翻译、文本生成、人机对话、情感分析等方面也取得了重大突破,作为自然语言处理中最为关键一环的机器阅读理解也得到了前所未有的发展。机器阅读理解处于机器的认知智能阶段,所谓认知就是让机器具有能理解、会思考的能力,因此,使用机器替代人类完成阅读已成为一种必然趋势。这得益于硬件设施的不断完善,计算能力的不断提高,使得机器学习又重新焕发生机,深度学习技术犹如雨后春笋般迅速发展,再一次将人工智能推向了前所未有的高潮,如何让机器理解人类的语言已成为人工智能的关键。机器阅读理解(Machine Reading Comprehension, MRC)与人类阅读理解类似,需要让计算机在接收到自然语言后,在理解给定文本的基础上,能像人类一样进行思考与推理,然后作出相应的反馈。

机器阅读理解本质上是计算机对自然语言理解的能力,因为对人工智能相关理论及计算机硬件的要求非常高,所以深度学习的快速发展和硬件升级能够更好地解决一些机器阅读理解中的问题。机器阅读理解是通过对计算机相关系统输入文字材料进而希望计算机系统能够相应地作出回应,输出所期望的正确答案。简单地说,机器阅读理解的目标是让计算机能够阅读文章及理解文章的意思,从文章中找到问题的线索进而能够回答问题。

MRC是一项测试机器理解自然语言程度的任务,也是NLP领域的核心任务之一,它要求机器根据给定的上下文回答问题,这有可能彻底改变人和机器之间的交互方式。MRC最早出现在20世纪70年代,当时最为著名的是Lehnert[8]在1977年提出的QUALM系统,为以后的研究奠定了基础,但因当时的硬件设备不足难以支撑大量数据计算,加上需要进行手工编码的限制,导致程序规模较小,难以推广到其他领域,泛化能力较差。在此后的20多年里,研究人员发现MRC任务的复杂性,很难取得突破性进展,MRC的研究渐渐淡出了人们的视线。直到1999年,Hirschman[9]等人建立了一个包含60个故事的小型阅读理解数据集,其中都是小学三年级到六年级的阅读材料,包含5个"W"(What, Where, When, Why和Who)问题,而规定的评价标准也非常简单,只要求系统将包含正确答案的句子返回即可,不用确切地回答出准确答案。随后在2000年的ANLP/NAACL上举办的关于MRC的比赛,虽然在当时准确率并不高,但是人们对阅读理解的兴趣有了一些复苏。近几年,MRC不仅受到学术界的广泛关注,而且各大企业也将目光纷纷投到上面,如微软、谷歌、百度等顶级IT公司投入了大量的研究,并且创建了各个领域的阅读理解数据集,这些大规模、真实的数据集极大地推动了阅读理解技术的发展。

机器阅读理解系统的基本框架,其中包括词嵌入模块、编码模块、交互模块和答案预测模块。当前的机器阅读理解任务主要有以下4种:

①完形填空式的阅读理解[10]。给定文章,通过遮盖某一词语,目标是预测被遮盖的词语。

②多项选择[11]。给出一篇文章和问题,每一问题都带出多个选项,目标是从多个选项中选出正确的选项。

③片段抽取式的阅读理解[12]。给出一篇文章和问题,问题的答案就在文章中的一段,目标是选取正确的答案片段。

④自由解答的阅读理解[13,14]。给出特定文章和问题,目标是利用计算机组织词语片段来回答当前的问题。让计算机系统能够理解文本的含义,并且作出正确的反馈。

1)研究内容一

传统意义上的MRC问题通常是独立的,而对话式机器阅读理解(Conversational Machine Reading Comprehension, CMRC)通过多轮交互扩展了传统上单轮的MRC,需要机器考虑对话的历史。当我们想检验一个人是否理解了一段话时,先针对这段话提出一个问题,然后再根据他的答案继续提问,则第二个回答是建立在第一个问题基础之上的,如此便形成了一段对话。对话是人类获取信息的最重要途径之一,与传统的MRC不同,CMRC要求机器根据一篇文章和对话历史回答多个后续问题,而不是只回答一个问题。然而这些问题往往具有复杂的语言现象,如共指、省略等,只有深刻理解对话的语境,才能正确回答当前问题。CMRC将MRC与对话相结合,目前已成为研究的热点问题。

在许多实际场景中都能见到MRC的身影,传统的搜索引擎会根据用户输入的关键字返回一系列相关的文档,用户需要自己从这些文档中寻找有效信息,人机交互性较差且得到的结果可能不符合用户预期。MRC便是解决这一问题的关键技术之一,理解用户提出的问题,再对文档的答案进行提取,智能地返回用户想要的答案,省去了用户烦琐的自行查找过程。

在人机对话过程中,机器只有充分理解用户所表达的含义,才能给出符合用户要求的回答,而且说话可以像人类一样有感情,而不是一台冷冰冰的机器。目前有不少语音助手不再是简单的你问我答,而是能与人类进行深度交谈。将MRC技术运用到智能客服问答系统中,能够更进一步地提高系统的效率和准确率,例如,阿里的智能客服系统阿里小蜜就是第一个将MRC技术应用到大规模客服场景下的产品。

将阅读理解技术运用到对话问答的前台咨询模块,让机器阅读完商品说明书并回答咨询者的问题,可以提高效率和节省人力。在各种场景下都可以看到MRC的身影,可以自动阅读病例来回答病人的问题,可以自动阅读繁杂的法律条款帮助人们解答等,这些问题大多是进行多轮对话。无论从研究价值还是实用价值方面,CMRC都十分具有发展潜力。

2)研究内容二

早期的机器阅读理解任务较为简单,不需要复杂的语义理解和推理,只需要通过简单的神经网络模型对答案进行预测。对目前机器阅读理解的问题主要有:一是对多文档机器阅读理解任务中长文本及无关文本的处理问题没有很好地解决;二是一般模型在进行语义编码时使用LSTM,相较GRU门控循环单元,LSTM结构更为复杂,训练时所花费的时间较多;三是在语义交互的部分使用简单的注意力机制,没有很好地融合上下文和问题之间的信息,导致模型准确度较低。针对多文档的机器阅读理解,是对多篇文档进行抽取整合,再通过复杂的神经网络模型对问题进行回答。

机器阅读理解在很多行业中都有应用,具有较大的实用意义。在现实生活中有很多机器阅读理解成功的例子,例如,淘宝中的聊天机器人能够自动回答很多问题,在一定程度上节省了人力从而降低了成本。我们也可以在搜索引擎上应用机器阅读理解,通过机器阅读理解模型理解问题和文本,能呈现给用户更加准确的信息,从而提升效率。其他在工业行业中,让计算机阅读复杂的使用说明理解工作步骤,给人们提供更加准确的指导。在医疗中,能够回答患者的日常问题,提供给患者初步的诊断意见。因此,机器阅读理解的研究具有很重要的意义。

1.2 对话式机器阅读理解的国内外研究现状

1.2.1 传统的机器阅读理解

近年来,由于深度学习算法的不断优化,神经机器阅读理解在处理上下文信息方面有着出色的表现,准确率远远高于之前的模型,一些模型的准确率已经超过了人类表现。随着各种大规模数据集的出现,更是推动了MRC的发展,如CNN和Daily Mail,Stanford Question-Answering Dataset(SQuAD),MCTest,TriviaQA[15]等,使得用于解决阅读理解的神经网络模型不断改进,同时也为MRC的评估提供了测试数据。常见的MRC可分为以下四大类[16]:完形填空(cloze tests)、多项选择(multiple choice)、跨度提取(span extraction)和自由问答(free answering)。

完形填空的任务是指给定一篇文档及一个需要填补空缺的问题,需要结合文档中的信息来填补空缺,通常是从文章中删除一些单词或者实体。Hermann等人通过一种新颖而廉价的方式,创建了用于学习阅读理解模型的大规模监督训练数据集CNN和Daily Mail,数据集示例如图1.1所示,并提出一个基于注意力机制的LSTM神经网络模型,相对于以前模型取得了更好的效果。常见的数据集有LAMBADA[17],WhodidWhat[18]等。

对这类问题,文献[19]提出了一种基于神经网络的句式注意力网络SAN模型。文献[20]提出了一种SEST编码模型,极大地提高了阅读理解的预测准确率。文献[21]提出了注意力机制,为输入句子中的每个词赋予不同的权重,使得模型更多地关注重要的词,从而使模型的输出结果更准确。比较经典的模型还有AS Reader[22],GA Reader[23]和AoA Reader[24]等。

Original Version	Anonymised Version
Context	
The BBC producer allegedly struck by Jeremy Clarkson will not press charges against the "Top Gear" host, his lawyer said Friday. Clarkson, who hosted one of the most-watched television shows in the world, was dropped by the BBC Wednesday after an internal investigation by the British broadcaster found he had subjected producer Oisin Tymon "to an unprovoked physical and verbal attack." ...	the *ent381* producer allegedly struck by *ent212* will not press charges against the " *ent153* " host , his lawyer said friday . *ent212* , who hosted one of the most - watched television shows in the world , was dropped by the *ent381* wednesday after an internal investigation by the *ent180* broadcaster found he had subjected producer *ent193* " to an unprovoked physical and verbal attack . " ...
Query	
Producer **X** will not press charges against Jeremy Clarkson, his lawyer says.	producer **X** will not press charges against *ent212* , his lawyer says .
Answer	
Oisin Tymon	*ent193*

图1.1　CNN & Daily Mail 数据集示例

多项选择的任务是指给定一个问题,在理解了文章后,从固定的选项中寻找正确答案,而不是单纯地将问题和答案进行匹配。与完形填空相比,多项选择题的答案不再限定于上下文中的单词或实体,它有更大的范围,变得更加灵活。在该任务中,比较具有挑战性的数据集是 RACE[25],数据集示例如图 1.2 所示,该数据集是从我国初中和高中的英语考试中收集的。RACE 数据集包含两个子数据集 RACE-M 和 RACE-H,分别对应初中和高中,相对来说,RACE-H 要难些。

图1.2　RACE 数据集示例

针对此项任务,文献[26]提出了一系列机器学习模型,但存在一定的局限性。文献[27]使用了更加复杂的 CNN 来建模问句和候选答案的分布式表示。文献[28]提出了一种基于词汇匹配方法的模型。文献[29]提出了层级注意力流模型,该模型引入了一种层级的方式来建立段落、问题和答案的关系。文献[30]提出了ElimiNet模型,用排除法来提高正确率。文献[31]设计了ReasonNet,可以根据上下文和问题动态地停止交互,并将证据提供给答案预测模块来得出答案。文献[32]提出了一种新的匹配方法Co-Matching,该方法可以对段落、问题和答案三元组同时进行匹配,而不是之前的成对匹配。文献[33]使用Three-way Attentive Networks(TriAN)对段落、问题和答案之间的交互进行建模。文献[34]在获得问题与候选答案的相似度之后,再与文章问题向量表示拼接,得到更丰富的语义表示。文献[35]提出了一种称为卷积空间注意(CSA)模型的新方法。

跨度提取的任务是指要求机器通过给定的上下文和问题,从文中提取一段话作为答案;而所提取的答案是给定文章的一段连续子序列。相对于完形填空和多项选择任务,跨度提取在回答问题时不再是单纯的单词或实体,而且也没有候选答案。在这个任务上比较常见的数据集有SQuAD和NewsQA[36]等,SQuAD数据集示例如图1.3所示,后来在SQuAD1.1的基础上发布了SQuAD2.0[37]版本。

In meteorology, precipitation is any product of the condensation of atmospheric water vapor that falls under gravity. The main forms of precipitation include drizzle, rain, sleet, snow, graupel and hail... Precipitation forms as smaller droplets coalesce via collision with other rain drops or ice crystals within a cloud. Short, intense periods of rain in scattered locations are called "showers".

What causes precipitation to fall?
gravity

What is another main form of precipitation besides drizzle, rain, snow, sleet and hail?
graupel

Where do water droplets collide with ice crystals to form precipitation?
within a cloud

图1.3　SQuAD数据集示例

在这个问题上,常使用指针网络[38]模型来预测答案起始位置,在计算起始位置概率时,采用双线性匹配的方法[39]效果更好。文献[40]提出了MCA-Reader,使用多重联结机制,给予每轮迭代不同的含义,使其能挖掘出不同的特征信息。文献[41]在R-Net模型基础之上设计了基于自注意力机制的多任务深度阅读理解模型T-Reader。文献[42]提出了一个基于神经网络的端到端MRC模型N-Reader。文献[43]提出了一个问题理解神经模型QU-NNs,对阅读理解中描述类问题的解答进行了探索。文献[44]提出了一种基于注意力的神经匹配模型来对短答案文本进行排名。文献[45]提出了对基于窗口的上下文词根据该词及其相对位置而采用不同的处理方案。

自由回答的任务与跨度提取类似,但是其答案没有限制,更符合真实的应用场景。机器需要对文章进行推理分析,总结证据从而得出答案。在这 4 个任务中,自由回答是最复杂的。常见的数据集有百度的 DuReader[46]。MS MARCO 数据集是通过 Bing 搜索引擎和用户点击结果获得,每个问题有多个答案,有时甚至还是冲突的,更加贴近真实世界,MS MARCO 数据集示例如图 1.4 所示。

Context 1:	Rachel Carson's essay on The Obligation to Endure, is a very convincing argument about the harmful uses of chemical, pesticides, herbicides and fertilizers on the environment.
	......
Context 5:	Carson believes that as man tries to eliminate unwanted insects and weeds; however he is actually causing more problems by polluting the environment with, for example, DDT and harming living things
	......
Context 10:	Carson subtly defers her writing in just the right writing for it to not be subject to an induction run rampant style which grabs the readers interest without biasing the whole article.
Question:	Why did Rachel Carson write an obligation to endure?
Answer:	Rachel Carson writes The Obligation to Endure because believes that as man tries to eliminate unwanted insects and weeds; however he is actu -ally causing more problems by polluting the environment.

图 1.4　MS MARCO 数据集示例

文献[47]提出了一种端到端的神经模型,该模型可使那些来自不同段落的候选答案根据其内容表示来相互验证。文献[48]提出了一种带有门控的自匹配模型 R-Net,在上下文中筛选出不重要的部分,并在模型中强调与问题相关的部分,可以看作基于注意力的循环网络的变体,它引入了一种当前上下文表示和带有上下文感知的问题表示的额外门机制,而且对上下文本身使用自注意力机制,可以根据整个上下文和问题的交互信息,动态定义上下文表示。文献[49]提出了一种 Memory Augmented Machine Comprehension 模型,解决了长文本的 MRC 任务。文献[50]提出了一种开放领域阅读理解的 DS-QA 模型。文献[51]提出了 Document Reader 模型,对段落和问题作了不同的处理。

1.2.2　机器阅读理解新趋势

自 2017 年以来,学术界开始专注于开发一些新的模型,研究更复杂的 MRC 问题,例如,如何结合知识库回答、如何解决无法回答的问题等。产生了很多新的研究趋势[52]:基于知识的机器阅读理解、带有无法回答问题的机器阅读理解、多文档的机器阅读理解和对话式机器阅读理解。

基于知识的机器阅读理解要求机器根据所给的问题和文章,结合外部知识来回答问题,定义如下[52]:给定上下文 C、问题 Q 和外部知识 K,任务需要通过学习函数 F 来预测正确答案 A,即 $A=F(C,Q,K)$。人们在设计数据集时,往往过于简单,例如,MCTest 从特定的语料库(如小说故事、儿童读物等)中选取材料,不贴合实际生活。人类在不同的年龄对于同一段话的理解也可能不同,这是因为我们在考虑问题时,引入了所积累的常识问题,这就是我们与机器之间做阅读理解的不同之处。对于机器来说,就好比刚出生的婴儿,它看到什么就是什么,不会加入自己的"思考",然而机器的学习速度远超过人类,因此研究人员试图将外部知识引入机器阅读理解。MCScripts[53]是一个关于人类日常活动的数据集,其中,一些问题的回答是需要结合常识的,在文章中没有给出具体答案。MCScripts 数据集示例如图1.5所示。

MCScripts	
Context:	Before you plant a tree, you must contact the utility company. They will come to your property and mark out utility lines. Without doing this, you may dig down and hit a line, which can be lethal! Once you know where to dig, select what type of tree you want. Take things into consideration such as how much sun it gets, what zone you are in, and how quickly you want it to grow. Dig a hole large enough for the tree and roots. Place the tree in the hole and then fill the hole back up with dirt···
Question:	Why are trees important?
Candidate Answers:	A. create O_2　　B. because they are green

图 1.5　MCScripts 数据集示例

从图1.5中可以看出,问题是"为什么树很重要?",但是我们根据所给文章并找不到答案,两个选项分别是"制造氧气"和"因为它是绿色的",结合常识可知,树的原因是可以吸收二氧化碳和制造氧气,而不是单纯地因为它是绿色的。

目前,基于知识的机器阅读理解面临的主要挑战是:

①外部知识检索:知识库中含有海量的数据,哪些知识是有用的哪些是没用的这很难区分,常见的如一词多义现象,对于机器来说,就不能像人一样分得清楚。

②外部知识整合:除此之外,知识库的数据存储格式也不同,如何能有效地进行编码还是一个值得研究的问题。

带有无法回答问题的机器阅读理解需要机器结合给定文章,判断问题是否能够回答,具体定义如下[52]:给定上下文 C 和问题 Q,机器首先根据给定的上下文 C 判断问题 Q 是否可以回答,如果问题无法回答,则模型将其标记为不可回答并放弃回答,否则通过学习函数 F 来预测正确答案 A,即 $A = F(C, Q)$。一般地,我们都假设问题是可以回答的,这显然与实际情况不符,并不是针对一篇文章提出的所有问题都可以回答,一个训练好的模型就应该有判断的能力。SQuAD2.0 数据集中包含了无法回答的问题,而且设计得很合理,根据问题可以在文章中找出对应的片段,但是找不到对应的答案。SQuAD2.0 数据集示例如图1.6所示。

SQuAD 2.0	
Context:	… Other legislation followed, including the Migratory Bird Conservation Act of 1929, a 1937 treaty prohibiting the hunting of right and gray whales, and the Bald Eagle Protec-tion Act of 1940. These later laws had a low cost to society—the species were relatively rare—and little opposition was raised.
Question:	What was the name of the 1937 treaty
Plausible Answer:	Bald Eagle Protection Act

图 1.6　SQuAD2.0 数据集示例

图 1.6 中的问题是"1937 年条约的名称是什么",而文章中只提了 1929 年颁布的《候鸟保护法》,1940 年颁布的《秃鹰保护法》,并未提到 1937 年颁布了什么条约,最后给出可能的答案是《秃鹰保护法》,但实际上这个问题是无法回答的。

目前,带有无法回答问题的机器阅读理解面临的主要挑战是:

①无法回答的问题检测:模型应该清楚哪些问题能回答,哪些问题不能回答,指出无法回答的问题,而不是瞎猜。

②似是而非的答案:模型应该能够区分正确答案与似是而非的答案,避免混淆。

多文档的机器阅读理解要求机器在回答问题时,可能不是从一篇文章的某一段或某几段中找答案,而是从多篇文章中找答案,定义如下[52]:给定 m 个文档 $D = \{D_1, D_2, \cdots, D_m\}$ 和问题 Q 的集合,多文档的机器阅读理解任务要求通过学习函数 F,根据文档 D 找出问题 Q 的答案 A,即 $A = F(D, Q)$。如果在回答问题前,提前知道答案在哪一段,这样训练出来的模型必是不可取的。为了解决这一问题,将一篇文章扩展成多篇,模型需要在理解问题的基础上,从多篇文章中找到答案,答案可能在某一篇中,也可能是某几篇组合而成的答案。

目前,多文档的机器阅读理解面临的主要挑战是:

①海量的语料库:这是多文档的机器阅读理解较突出的特点,它与普通的机器阅读理解不同的是,检索答案的篇章从一篇变成了多篇,大大增加了检索难度。

②噪声文档的检索:该任务可以看作开放域的问答任务,数据中有较多的噪声,很多相似的文档给寻找正确答案带来影响。

③无答案问题:即使给定多篇文档,也可能出现问题无法回答的情况,加上数据噪声大的问题,很容易给出一个错误答案,导致模型的性能下降。

④多个答案:多篇文档的内容可能比较类似,模型可能会找到多个答案,但是有的答案其实并不符合语义,这就要求模型对答案进行筛选,找到最符合题意的答案。

⑤证据归纳:对一些复杂的问题,答案可能由几篇文档的片段拼接而成,这就要求模型具有归纳总结的能力,而不是简单的片段堆砌。

对话式机器阅读理解要求模型在给定段落的基础上回答多个问题,且问题是相互独立的,定义如下[52]:给定上下文 C、包含之前的问题和答案的对话历史 $H = \{Q_1, A_1, \cdots, Q_{i-1}, A_{i-1}\}$ 以及当前问题 Q_i,对话式机器阅读理解的任务是通过学习函数 F,预测正确答案 A_i,即 $A_i = F(C, H, Q_i)$。针对一篇文章,一个人提出一个问题,另一个人回答,然后再接着回答提出的新问题,类似于对话的过程。对话是人们日常获取信息较为有效的方式,两个人通过对话一问一答,提问者能够快速了解自己想要的信息。对话式机器阅读理解将对话与机器阅读理解相结合,已经成为目前研究的热点问题。

对话式机器阅读理解比传统的机器阅读理解难得多,因为用户问的后续问题会跟之前的问题主题相关,同时还会多一些新的信息,为了理解用户的新问题,模型必须能够处理有关代词的共指问题,并更多地考虑当前问题和先前问题问答之间的关系,即对话历史记录。在对话中人类能快速收集信息,如果能让机器理解对话,那么将对人类快速收集信息非常有帮助。常见的对话式机器阅读理解数据集有 CoQA[54]和 QuAC[55],图 1.7 显示的是摘自 QuAC 数据集中的一段对话,其中,Q_i代表问题,A_i代表答案。

Rammstein started recording Sehnsucht in November 1996 at the Temple Studios in Malta. The album was again produced by Jacob Hellner. "Engel", the first single from the album, was released on 1 April 1997 and reached gold status in Germany on 23 May. ...

Q_1: When was Sehnsuct released?
A_1: was released on 1 April 1997

Q_2: Where was it recorded?
A_2: Rammstein started recording Sehnsucht in November 1996

Q_3: Where?
A_3: at the Temple Studios in Malta.

Q_4: Who produced it?
A_4: Malta. The album was again produced by Jacob Hellner.

Q_5: What happened in 1997?
A_5: album, was released on 1 April 1997

图 1.7　QuAC 数据集示例

从图 1.7 中可以看出,多轮问答中的问题是有联系的,例如,Q_2中的"it"指代 Q_1中的"Sehnsuct",当问到第 3 个问题时只有一个词"where",如果不看前两轮的对话根本不知道在问什么,这种情况对人类很常见也容易理解,但是对于机器来说想要理解还是有一定的难度。CMRC 比传统的 MRC 多了对话历史,除了对问题和文章进行编码外,如何有效地处理对话历史已成为关键。

针对该任务,文献[54]提出了一个混合模型 DrQA+PGNet,它结合了 seq2seq 和机器阅读理解模型来提取和产生答案,但是只考虑了当前问题的前一轮对话历史;文献[55,56]提出了 BiDAF++,通过自注意力(self-attention)机制[57]和上下文嵌入来对 BiDAF[58]的双向注意力流机制进行扩充,但是,对话历史是在之前问题和当前问题之间进行考虑的,使对话历史潜在的语义信息被忽略,容易混淆模型的重要信息和无用信息;文献[59]提出了一种新型神经网络模型 TT-Net,它利用双向 LSTM、时间卷积网络(TCN)和自注意力机制捕捉问题之间的主题转移特征,但是模型将三者堆叠多层导致模型过于复杂;文献[60]提出了 FlowQA 模型,引入了流机制,能够合并回答先前问题时生成的中间表示,整合对话历史潜在的语义信息,但是无法同时在不同轮对话历史中合成不同词的信息,模型虽然堆叠了双向递归神经网络

（RNN），但也不是真正意义上的获取双向信息。

目前，对话式机器阅读理解面临的主要挑战是：

①对话历史：在机器阅读理解任务中，问题和答案基于给定的段落，并且问题和先前问题的解答过程无关。与此相反，对话历史在对话式机器阅读理解中起着重要作用，后续问题可能与先前问题和答案密切相关。

②共指解析：是NLP中的传统任务，在对话式机器阅读理解中更具挑战性。共指现象可能不只发生在上下文中，还可能出现在问答句中。

1.3 多文档机器阅读理解的国内外研究现状

早期机器阅读理解的研究还是基于传统特征上的机器阅读理解。最初，Hirschman等人就对机器阅读理解进行了研究，他的主要研究是基于小学的阅读理解材料整理出的小规模数据集，用词袋模型分别对问题和文章中的每条语句进行信息的抽取和模式匹配，文章中与问题相关度最高的语句便作为答案。因为问题与文章中的每条语句都进行匹配，所以效果并不是很好。

以上两种研究都是基于传统特征的机器阅读理解，而随着技术的发展，各种数据大规模地增加，很多数据集的提出，使以上的研究不能有效地解决表达多样性的问题。因为文章中的词语、句子并不是单独存在的，每个词语之间、每个句子之间都是相互联系的，有着依赖关系，所以也没有办法解决词语之间、句子之间的长期依赖关系的问题。

为了解决上述问题，研究人员便开始考虑利用神经网络来研究机器阅读理解。利用神经网络来进行对机器阅读理解的研究需要大量的训练语料，这也就促使着数据集的产生。在早期，如MCTest数据集，它的数据内容主要是儿童故事，该数据集适用于多项选择型任务的机器阅读理解。其中，MCTest数据集的形式是给定问题和文章，目标是选出含有正确答案的选项。该数据集也有一定的缺陷，就是数据规模过小，所以只能用于测试模型，不能训练模型。针对数据集规模小的问题，Hermann等人构造出CNN和Daily Mail两个大规模数据集，该数据集的数据主要源于新闻，数据更加贴合实际，这两大数据集更是成了机器阅读理解领域内经典的数据集。并且Hermann等人基于CNN和Daily Mail两大数据集提出了基于注意力机制的机器阅读理解模型，该模型在两个数据集上取得的结果远远超过了传统的模型。Kadlec提出了一种简化注意力模型，并且取得了较好的成绩。Chen[61]等人提出了一种利用双线性函数作为激活函数的模型，该模型与之前研究的模型相比更加灵活、更加有效。Cui为了更好地对文章和问题进行建模，提出一种双向注意力机制来加强模型的提取语义特征的能力。Dhingra 通过加深网络的深度，并在层与层之间增加门限来保留重要信息，以达到多步推理的效果。

斯坦福大学在 2016 年发布了机器阅读理解领域内最知名的 SQuAD 数据集，其数据内容主要源于维基百科，数据集的形式是由数百篇文章和约 10 万个问题所组成的，该数据集与 CNN 和 Daily Mail 最大的不同在于 SQuAD 中的答案是原文中的一个连续片段，而 CNN 和 Daily Mail 中的答案是原文中的实体词，因为该数据集问题的答案长度更长、类型更多，因此更具有挑战性。斯坦福大学在 2018 年发布了 SQuAD2.0，主要的改进就是增加了大量根据文章无法回答问题的数据。SQuAD 数据集的提出在很大程度上促进了机器阅读理解的发展。文献提出 Fusionnet[62]，它能够通过不同层次来利用文章和问题信息，Wang[63] 提出了机器阅读理解中经典的模型 Match-LSTM，该模型主要是通过注意力机制将问题信息融合到文章表示中，在预测答案时利用指针网络预测答案序列在文章中的开始和结束的位置。Shen 等人在上述基础上又引入了强化学习。Yu[64] 等人使用了二元卷积神经网络来进行对文章和问题的语义建模，并且同时对相似度矩阵按照行与列的方式进行注意力的计算。Seo 则在 Match-LSTM 的基础上进行改进，通过多阶段对文章和问题进行语义编码，并通过双向注意力机制来融合问题与文章之间的信息，即文章对问题的注意力和问题对文章的注意力来提升模型性能，提出了另一个经典的模型 BiDAF。Xiong[65] 等人提出了动态迭代和双路注意力机制，该模型可以同时对文章和问题计算注意力，并通过不断迭代预测结果来提升模型的准确度和稳定性。Vaswani 等人提出了 Transformer 模型，模型中没有使用 CNN 和 RNN，而是完全使用注意力机制。

Peters[66] 等人提出了一种预训练词向量方法 ELMo，其使用双向 LSTM 对问题和文章进行语义特征提取。Radford[67] 等人提出的 GPT 方法就是使用单向的 Transformer。Devlin[68] 等人在 ELMo 和 GPT 两种方法的基础上提出了最新的预训练方法 BERT，该方法相较于 GPT 则是使用了双向 Transformer。Wang 等人则提出了一个多层网络结构 R-Net，该结构分别从 4 个层次上对机器阅读理解任务进行语义建模。

微软发布的 MARCO 数据集也是机器阅读理解领域内的一个经典模型，其数据来源主要是用户在微软搜索引擎上的搜索数据，数据集中包含了 20 万篇文章和 10 万个问题，其中每一个问题都有 10 篇候选答案。标准答案不再是文章中的连续片段而是由人工生成的。与 MARCO 类似的数据集还包括 TriviaQA 和百度发布的中文数据集 DuReader。DuReader 数据集是目前为止最大的中文数据集，数据集包括 20 万个问题、100 万篇文章和 42 万个人工标注答案。DuReader 的数据来源取自用户使用搜索引擎所产生的真实数据，其中，包含百度搜索和百度知道两部分数据，并且两部分数据各占一半，该数据集最大的特点在于每一个问题都对应着多篇文档,数据集要求模型能够从多篇文档中选取与问题相关的文档作为模型的输入,并且能够排除与问题不相关的文档,从而减少无关信息对模型的影响。

基于 DuReader 数据集,Tan[69]等人在 S-Net 的基础上又增加了另外两个模块,分别是文章排名和答案生成模块,模型利用从哪篇文章中得到答案作为辅助训练任务,进行联合训练,进而可以提高多篇章阅读理解模型性能。Clark[70]等人通过使用跨文章的全局归一化方法,增强了不同候选答案得分之间的可比性。Wang 等人则使用注意力机制对多个候选答案进行交叉验证,以实现跨文章的信息交流。

1.4　主要研究内容

1.4.1　对话式机器阅读理解

对话式机器阅读理解是机器阅读理解任务中跨度提取任务的延伸,结合对话历史的理解来回答问题,该任务是让计算机通过训练一个模型来完成阅读理解,用来训练模型的数据集包含文章、问题和人类读完文章后给出的答案,计算机通过学习这些输入,从而能够根据文章、问题和对话历史来预测当前问题的答案。通过大量研究机器阅读理解的国内外研究现状,分析对话式机器阅读理解的特点及面临的挑战,对比之前模型的优缺点,在现有工作的基础上,设计出了 CoBERT-BiGRU 模型,并对模型中涉及的理论基础与相关技术进行介绍,主要研究内容如下:

①研究对话式历史嵌入的方法及优缺点。由于对话式机器阅读理解除了需要对文章和问题编码外,还需要对对话历史进行编码,然而并不是所有的对话历史对回答当前问题都有帮助。一些模型在处理时,直接将所有的对话历史和文章、问题一同编码,不仅造成了计算成本的增加,而且导致准确率的下降。可以将对话历史在文章中进行标记,使得模型既可以学习到对话历史的信息,又不增加输入序列的长度,是较为有效的对话历史嵌入方法。

②对文本编码方式的研究。分析了现有文本编码的方式,对比各种方法的特点,设计出了适合本课题的词嵌入方法。现有数据集基本上都是通过人工标注的,但是对于深度的神经网络模型来说,使用这些数据量并不能达到最好的训练效果。因此,在大型语料库上进行无监督学习的预训练语言模型成了目前主流的编码方式,本章采用 BERT 模型进行编码。

③为多轮对话历史根据重要程度分配不同的权重,从而有效地简化模型,对距离较远的对话历史分配较小的权重,对距离当前轮问题较近的分配较大的权重。考虑自然语言是基于时间序列的数据,设计 Bi-GRU 网络提取更高级的语义特征。

④答案预测模块的研究。本课题采用的数据集为 QuAC 数据集,除了对答案进行预测外,还要对对话行为进行预测。多任务学习(Multi-Tasking Learning, MTL)是一种广泛使用的技术,可以通过深层神经网络学习更强大的表示[71],将两个任务联合训练,不仅可以增强模型的泛化能力,还可以使用统一的模型结构处理两个基本任务:答案预测和对话行为预测。

⑤实验设计与分析。设计不同模块使用的算法,不断优化参数,以提高模型的准确率,通过大量的实验,并对整个模型做消融实验分析本模型各部分对整体性能的影响。

1.4.2 多文档机器阅读理解

本章以多文档机器阅读理解为研究对象,通过对当下机器阅读理解的发展背景及国内外对机器阅读理解的研究现状作出详细分析,分析经典基线模型的优缺点后,本章利用 Bi-GRU 对文章和问题进行语义编码,以及使用双向注意力机制来融合问题与文章之间的信息,提出一种基于多文档机器阅读理解的神经网络模型设计方案。

本章的具体工作细节如下:

分析目前国内外对机器阅读理解研究的现状,明确机器阅读理解的研究意义,并分析已有研究成果的优缺点。

介绍机器阅读理解的基本模型,从词嵌入、语义特征提取等方面研究可能影响准确度的因素。

提出多文档机器阅读理解模型,介绍基线模型,分析模型并发现不足,结合其他模型的优点和避免其他模型的缺陷,进而提出多文档机器阅读理解模型。

搭建实验运行环境,使用 DuReader 数据集对模型进行大量训练,在训练过程中不断调优参数使模型能够取得更好的效果,最后通过评价标准与基线模型的结果进行比对。

第2章　机器阅读理解技术

本章主要介绍了机器阅读理解所需的相关方法和技术。首先对 NLP 领域影响最大的文本表示技术(text representation)进行介绍,包括词嵌入技术的产生、发展过程,以及目前主流的预训练语言模型。其次介绍 RNN 的原理、内部单元结构和计算公式,以及变体结构 LSTM 和 GRU。最后对多任务学习的介绍,包括多任务学习的核心思想、产生的原因及为什么有效等。

2.1　常用数据集

在互联网飞速发展的今天,人们在日常使用互联网的同时也产生了大量的数据,其中包括数字、图像数据和文本数据。在机器阅读理解任务中,这些大量的文本数据经过研究者的整理成为具有研究价值的数据集。并且在不同的阅读理解任务中有与之相适应的数据集。在完形填空任务中比较典型的数据集有 CNN, Daily Mail, Childrens Book Test, CMRC2017 等;在多项选择任务中有 MCTest, RACE 等;在跨度提取式任务中,比较常用的英文数据集为 SQuAD(Stanford Question Answer Dataset),该数据集是由斯坦福大学自然语言处理团队发布的。并且发布了 SQuAD1.1 和 SQuAD2.0 两个版本,2.0 版本相比 1.1 版本增加了数据量,1.1 版本中的问题都能在文章中找到答案,而 2.0 版本加入了很多在文章找不到答案的问题。所以说,SQuAD2.0 版本的发布增加了研究的难度。其中,CMRC2018 数据集是和 SQuAD 数据集相似的中文数据集。在自由形式问答任务类型中,比较常用的英文数据集有 DeepMind 等发布的 Narrative 和微软的 MS MARCO。而中文的有由百度 NLP 团队发布的 DuReader 数据集,该数据集是最大的中文数据集,它具有数据规模大、数据来源真实以及每个问题对应多篇文档的特点,因为 DuReader 数据集中的数据规模庞大且问题对应多个文档,所以对研究机器阅读理解任务增加了很多难度。每个数据集都有不同的评价指标来衡量模型的准确度,对简单的机器阅读理解任务一般直接使用准确率,而跨度提取式和自由回答式的任务通常采用EM, F1或者Rouge-L, BLEU-4分数[72,73]作为评价指标。

2.2 词嵌入技术

在人类世界中,不同的国家和地区有着不同的语言。但不同语言的基本单位是词。词语是能够表达语言意思的最简单的组合。计算机无法直接识别人类语言,这就需要计算机在接收到人类语言后,先进行相应的转化,计算完成后再将结果转化成人类语言。由于现有的机器阅读理解模型中的数据都是采用向量形式,所以在研究模型时首先要考虑的是如何让文本中的词表示成向量。

在机器阅读理解任务中,所研究的数据集通常是以文本的形式进行存储的,因为我们研究神经网络基本是在计算机上,而计算机所处理的只能是数字,所以文本形式并不能直接输入神经网络中进行训练。针对这一问题,研究者考虑将文本中的每一个词映射到一个低维度的向量空间中,随后输入模型进行以后的训练操作,将这种方法称为词嵌入(Word Embedding)[74-76]。因为神经网络模型最先输入的数据便是词向量,所以说词向量在一定程度上影响着模型的训练效果,训练一个质量比较好的词向量在机器阅读理解任务中也是非常重要的。

早期的词嵌入技术有独热编码(One-Hot编码)[77],这种方法只用0和1来表示进行编码的文本,这个词出现的位置用1表示,其余位置用0表示。例如:

①"机器":[1,0,0];

②"阅读":[0,1,0];

③"理解":[0,0,1]。

但该方法存在明显的缺点:一方面,在现实操作中,数据集中的数据都过于庞大,文本序列的长度也比较长,而One-Hot编码中每个词的维度就是词表的长度,当语料库中的词达到数以百万计时,这样的编码方法所得的向量维度也变得非常大,神经网络在处理这些向量时会产生内存不够的问题。用One-Hot编码出来的向量是离散的,显然这种方法只适合编码较短的文本,如果文本过长将会导致维度灾难,无法输入模型中进行训练。另一方面,因为这种独特的编码方式,不考虑词与词之间的顺序和词语之间的关系,得到的向量表示是互相之间没有关系并且离散稀疏的。One-Hot编码的向量只能区分不同的词,而无法对词义进行编码,就无法表示词与词之间的相关性。对于中文来说,编码时最小单位可能是一个字或一个词,但对于英文来说,可能是一个词根或一个词缀甚至是一个字母,为了解决这一问题,研究人员提出了更多的词嵌入方法,目前常见的有:Word2vec[78]和GloVe[79]等。

Word2vec是将无法计算、非结构化的文本转化成可计算、结构化的词向量的一种词嵌入方法。Word2vec在本质上是一个简单的全连接神经网络,并且该网络只使用了一个隐藏层。Word2vec模型不仅使文本转换成低维度的词向量,而且还能够学习词语之间的信息,目的是预测每个词和上下文词之间的关系,通过训练得到模型中的参数,模型训练好后得到的其实是神经网络模型的权重,然后将需要转化的词用训练好的权重计算得到对应的词向量。为了学习语料库中词语之间信息,该模型通常使用两种策略进行训练。Word2vec有CBOW(Continuous Bag of Words)和Skip-gram两种模型。

①CBOW模型根据上下文来预测当前的词,给定要预测的词,并去掉该词语,相当于从一句话中扣出一个词,然后根据这句话猜这个词是什么,由该词前后的词语来预测词语。

②Skip-gram模型[80]是用当前词来预测上下文,给出某一词语,预测该词语的上下文。相当于给了一个词,猜这个词前后可能是什么词。

这两种模型的结构如图2.1所示。

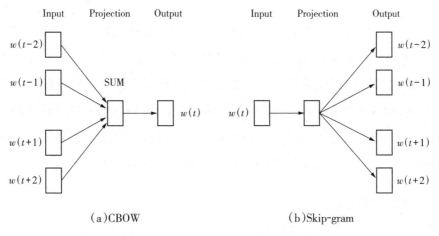

（a）CBOW　　　　　　　　　　　（b）Skip-gram

图2.1　CBOW和Skip-gram模型结构

Skip-gram模型为CBOW模型的逆过程。从图2.1中可以看出,当前假设窗口大小为2,CBOW模型的基本思路是:取预测词前后各两个词作为输入,然后从词嵌入矩阵中找到这几个词对应的词向量与另一个权重矩阵E相乘,最后输入softmax函数中的计算概率$P(w_t|w_{t-2}, w_{t-1}, w_{t+1}, w_{t+2})$,记为$P(w_t|w_{t-2}:w_{t+2})$,通过神经网络不断优化权重矩阵$E$,最终训练好的权重矩阵$E$可以用于其他任务中。其计算式如下所示:

$$P(w_t|w_{t-2}:w_{t+2}) = \frac{e^{V_i}}{\sum_{j=1}^{N} e^{V_j}} \tag{2.1}$$

其中,V_i表示第i个词在词嵌入矩阵中对应的词向量与E的乘积,N为句子长度,则损失函数计算式为：

$$L = \frac{1}{N} \sum_{t=1}^{N} \log P\left(w_t \mid w_{t-2} : w_{t+2} \right) \qquad (2.2)$$

可以看出，模型计算的复杂程度与词嵌入矩阵的大小有关，这会造成非常繁重的计算量。针对这种情况，作者提出了层次 softmax 和负采样两种方法来优化 Word2vec 模型。Word2vec 方法的缺点在于窗口的大小是固定的，因此只能对局部特征进行提取，忽略了较远的词对当前词的影响。为了解决这种不足，Jeffrey Pennington 等人提出了 GloVe[92] 方法，GloVe 的全称为 Global Vectors for Word Representation，即全局词向量。该方法根据语料库构建共现矩阵，矩阵中每个元素代表一个词与其他上下文词在特定上下文窗口内共同出现的次数，词与词之间的距离加一个衰减的权重，即两个词隔得越远，权重就越小，GloVe 可以无监督地学习词向量表示。

2.3 神经网络

在日常生活中，我们经常会碰到很多基于时间序列的数据，例如，文本、音频等。循环神经网络（Recurrent Neural Network, RNN）在处理该类问题上具有一定的优势。对 RNN 的研究可追溯到 20 世纪八九十年代，受当时计算能力的限制，研究一直停滞不前，随着深度学习技术的不断发展，RNN 又重新出现在人们的视线中。本节将以 RNN 最基础的结构为出发点，分析在处理时间序列问题上的利弊，引出 RNN 的变体结构长短期记忆网络（Long Short-Term Memory network, LSTM）和门控循环单元（Gate Recurrent Unit, GRU）。

2.3.1 循环神经网络

在研究自然语言处理时，处理数据的方式并不像在图像处理领域一样，在图像处理中神经网络输入的数据为图像的像素，对图像的处理，通常使用卷积神经网络来进行特征提取。而在自然语言处理的各项任务中，输入神经网络中的是英文或者中文，对文本序列的处理就成了研究者首先要考虑的问题。循环神经网络便是处理这种输入序列的一种网络结构。

循环神经网络[81]是一种能够充分利用时序信息的一种神经网络结构。在循环神经网络之前的网络结构输入序列是相对独立的，即每个词之间没有关系，上一时刻的输入与下一时刻的输入没有关联。而实际上，自然语言领域处理的输入序列往往是有时序关系的，也就是说，一个句子中的某个词通常与前几个词或者后几个词都具有很大的关系，所以利用一般的网络结构对输入序列进行处理不能捕获这种时序上的关系从而会严重影响模型的结果，就比如在阅读理解型的机器阅读理解任务中,所预测的词语必须依赖于前面和后面的语义信息,所以,能够获取其他词对当前预测词的关系是至关重要的。

循环神经网络又称为递归神经网络,输入序列的每一个元素在网络中执行相同的任务,即每一时刻的输出都与这一时刻的输入和前一时刻的输出有关。可以说,每一时刻的信息都传递到下面的隐层中,通俗地讲,就是RNN有一定的记忆功能,模型可以记住前面计算的内容。RNN基本结构如图2.2所示。

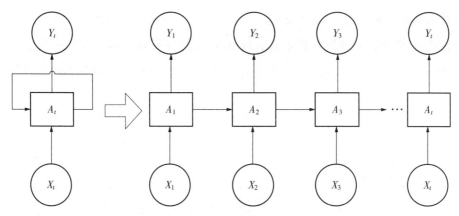

图2.2 RNN基本结构图

图2.2为循环神经网络的展开图,从图中可以看出,模型包括每一时刻的输入集 $\{X_0, X_2, \cdots, X_{t-1}, X_t, \cdots\}$,输出集 $\{Y_0, Y_1, Y_2, \cdots, Y_{t-1}, Y_t, \cdots\}$ 和各个隐层单元的输出状态集合 $\{A_0, A_1, A_2, \cdots, A_{t-1}, A_t, \cdots\}$,神经网络的隐层个数取决于输入序列的长度,如果以输入序列6为例,则循环神经网络的隐层个数就为6,其中,X_t 是第 t 时刻的输入,即第 $t+1$ 个词向量表示,A_t 为第 t 时刻的隐藏层状态,Y_t 为第 t 时刻的隐层状态输出,则 t 时刻的隐层状态和输出结果的计算过程可以由下式表示:

$$A_t = f\left(\boldsymbol{B} \cdot x_t + \boldsymbol{W} \cdot A_{t-1}\right) \tag{2.3}$$

$$Y_t = g\left(\boldsymbol{V} \cdot A_t\right) \tag{2.4}$$

其中,函数 f 为隐藏层状态的激活函数[82-84],通常采用 tanh 和 ReLu 等激活函数;$\boldsymbol{B}$ 和 $\boldsymbol{W}$ 为权重向量,在网络开始运行时随机初始化对其进行赋值,并在以后随着网络的训练来更新里面的数值。函数 g 为隐藏层输出的激活函数,通常设为 sigmoid 函数和 softmax 函数,如果所做的任务为二分类的任务,则设为 sigmoid 函数;如果是多分类的任务则设为 softmax 函数。$\boldsymbol{V}$ 为权重向量也可设为初始化赋值,随着网络的训练进行数值更新。

RNN这种特殊处理文本序列的方式比较像人类阅读文章,即在读当下的内容时会受之前内容的影响,所以它在自然语言处理任务中取得了优异成果,也在各个自然语言处理的分支中有着广泛应用。但是RNN也有着明显的缺点,那就是梯度消失和梯度爆炸问题。因为

RNN的工作机制,我们在理想状态下可以使RNN处理任意长度的文本序列,但是在实际操作的过程中,如果让其处理过长文本序列时,会大大增加运算时间成本。与此同时,还会引起梯度消失等问题。所以基本的RNN不能很好地处理长距离的文本序列。针对这种问题,研究人员先后改进了RNN模型,其中,常见的有长短期记忆网络(Long short-term memory, LSTM)[85]和门控循环单元(Gated Recurrent Unit,GRU)[86]。

普通的神经网络在相邻的两层连接方式可能为全连接,也可能为部分连接,而层与层之间的神经元没有相关性,学一点儿忘一点儿。自然语言是典型的基于时间序列的数据,当序列长度较长时,普通的神经网络便不再有效,RNN能够很好地处理时间序列问题,建立序列内部信息的相关性,因此,在处理长序列问题时一般采用RNN,RNN结构如图2.3所示。

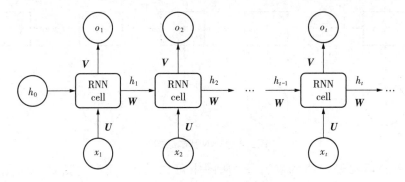

图2.3　RNN结构图

从图2.3中可以看出,对每一个RNN的细胞单元,在同一个时间步有两个输入和两个输出,输入包括当前时间步序列中的输入x_t($t = 1$，2，$\cdots$)和上一时间步的隐藏状态h_{t-1},输出包括当前时间步的输出o_t和传给下一个时间步的隐藏状态h_t,理论上,输入序列长度可以扩展到任意维度。

t时刻的隐藏状态h_t和输出o_t的计算式为:

$$h_t = \sigma\left(Ux_t + Wh_{t-1} + b\right) \tag{2.5}$$

$$o_t = Vh_t + c \tag{2.6}$$

其中,U, V, W是3个权重矩阵,通过反向传播不断地更新参数;σ为sigmoid激活函数;b, c为偏置。

从图2.3中不难发现,每个时间步使用的U, V, W 3个矩阵是相同的,它们的参数是共享的,不会根据序列长度不同构建不同的权重矩阵,从而大大降低了模型的复杂程度。每个神经元不再单单依靠当前步的输入,还受到前一步输出隐藏状态的影响,使得模型能够学习到不同时间步上的依赖特征。

2.3.2　门控循环单元网络

　　传统的 RNN 在长距离传输的过程中,由于所有时间步上 3 个矩阵参数共享,在更新参数时通过反向传播(Back Propagation, BP)算法,偏导值不断连乘容易导致梯度消失和梯度爆炸的问题,使得参数无法更新。研究人员对 RNN 做了各种变化,门控机制的引入巧妙地缓解了这一问题,可以动态地实现信息的更迭,对信息进行过滤后向后传递。Hochreiter 改进了传统的 RNN,提出了一种特殊的网络结构 LSTM,每个神经元的内部结构也更加复杂,含有 3 个门和 1 个细胞状态。3 个门分别是:输入门、遗忘门和输出门,用于控制信息的通过,细胞状态中存储的是序列的长距离依赖关系,能够有效地向后传递长距离的语义信息。

　　LSTM 其实是在 RNN 单元的结构内部增加了门控机制,在 RNN 中随着序列的不断加长,其中文章的重要信息可能会被丢失,相对来说,LSTM 并不会轻易丢失长序列文本中的重要信息;相反,它能够遗忘无关的信息,并且在一定程度上解决了梯度消失和梯度爆炸的问题。LSTM 在 RNN 中引入了 3 个门控单元对隐层状态的流动进行控制。LSTM 的具体结构如图 2.4 所示。

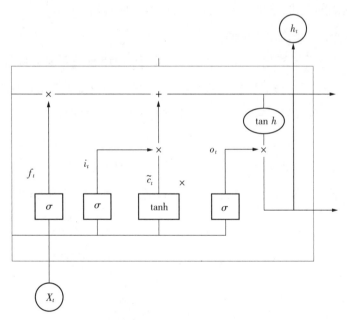

图 2.4　LSTM 结构图

　　首先是遗忘门,该门控单元决定了在信息传输的过程中过滤掉无关紧要的信息,保证有用信息的存储。遗忘门的计算式为:

$$f_t = \sigma\left(\boldsymbol{W}_f \cdot \left[h_{t-1}, x_t\right] + \boldsymbol{b}_f\right) \tag{2.7}$$

其次是输入门,主要功能是决定在神经元中应该存储哪些有用的信息。输入门的计算式为:

$$i_t = \sigma \left(\boldsymbol{W}_i \cdot \left[h_{t-1}, x_t \right] + \boldsymbol{b}_i \right) \tag{2.8}$$

$$\tilde{c}_t = \tan h \left(\boldsymbol{W}_c \cdot \left[h_{t-1}, x_t \right] + \boldsymbol{b}_c \right) \tag{2.9}$$

$$c_t = f_t \cdot c_{t-1} + i_t \cdot \tilde{c}_t \tag{2.10}$$

最后通过输出门来控制LSTM单元的最终输出信息。输出门的计算式为:

$$o_t = \sigma \left(\boldsymbol{W}_o \cdot \left[h_{t-1}, x_t \right] + \boldsymbol{b}_o \right) \tag{2.11}$$

$$h_t = o_t \cdot \tan h \left(c_t \right) \tag{2.12}$$

其中,$\boldsymbol{W}$为权重矩阵,并在网络初始化的过程中,对其进行随机赋值;$\boldsymbol{b}$为偏置向量;$\sigma \left(\cdot \right)$为sigmoid函数,来决定可以通过门控的有用信息,输出0表示不通过任何信息,输出1则表示允许所有信息通过。

LSTM的本质是在RNN的基础上增加了门控机制,神经元会通过遗忘门来丢弃前面没用的信息,通过输入门保留之前序列对当前时刻有用的信息。LSTM神经网络随着时刻的推进,当前时刻会把重要的信息保存在隐层状态中并传递到后面时刻的隐层状态,重要信息的储存时间就比RNN神经网络储存时间更长,但重要信息并不会一直储存在隐藏层状态中,因为随着数据输入的变化,这部分信息还有可能被后面时刻中的遗忘门舍弃掉,所以这种神经网络也被称为长短时记忆神经网络。

GRU对LSTM进行了简化,比LSTM的参数量少,使用起来更加方便且不容易产生过拟合现象。GRU有两个门,分别是更新门和重置门。更新门决定了前面的哪些信息传到后面,有助于捕捉时间序列中的长期依赖关系。重置门决定了对之前记忆的遗忘程度,有助于捕捉时间序列中的短期依赖关系。每个神经元有两个输入和两个输出,输入包括当前步的输入和上一步的隐藏状态,其中,隐藏状态包含了之前的信息;而输出则包括当前步隐藏神经元的输出和传给下一个神经元的隐藏状态,GRU记忆单元结构如图2.5所示。

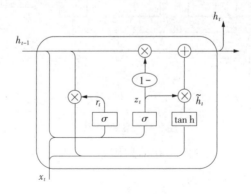

图2.5　GRU记忆单元

GRU 的具体计算过程如下所示：

$$z_t = \sigma\left(\boldsymbol{W}_z \cdot [h_{t-1}, x_t]\right) \tag{2.13}$$

$$r_t = \sigma\left(\boldsymbol{W}_r \cdot [h_{t-1}, x_t]\right) \tag{2.14}$$

$$\widetilde{h_t} = \tan h\left(\boldsymbol{W} \cdot [r_t \times h_{t-1}, x_t]\right) \tag{2.15}$$

$$h_t = (1 - z_t) \times h_{t-1} + z_t \times \widetilde{h_t} \tag{2.16}$$

其中，[ ]表示两个向量的拼接；r_t表示重置门，决定之前的状态是否忘记；z_t表示更新门，决定是否对隐藏状态进行更新；$\boldsymbol{W}$表示两层之间的权重矩阵；σ和$\tan h$为激活函数。

在 RNN 的变体中，除了 LSTM 这种长短时记忆网络，还有一种常用的解决长距离问题的网络门控循环网络(Gated Recurrent Unit，GRU)，与 LSTM 相比，GRU 在内部结构上进行了优化，具体操作为它将 LSTM 中的输入门和遗忘门结合在一起，组成一个新的门控单元称为更新门。这种操作所带来的直接好处就是将 LSTM 中的 3 个门结构简化成两个门，计算次数减少，实验时间更快，参数规模更小。在具体实验中，GRU 所得的结果与 LSTM 的结果相比，相差不多甚至优于 LSTM。

GRU 所处理的文本序列也和 LSTM 一样都属于长距离的序列。GRU 中含有两种门控单元：更新门和重置门。更新门用于控制前一时刻的状态信息被代入当前时刻状态中的程度，更新门的值越大说明前一时刻的状态信息代入越多。重置门用于控制前一状态有多少信息被写入当前的候选集 $\widetilde{h_t}$ 上，重置门的值越小，前一状态的信息被写入得越少。

由此可知，GRU 就是对 LSTM 的简化，使其内部的 3 个门控单元设计成两个门控单元，从而简化计算，减少参数规模，在实验结果相当的情况下提高模型的训练效率，比 LSTM 更好地完成了长距离文本序列的时序问题。

即使 LSTM 和 GRU 都解决了长距离的时序问题，但是对于单向的循环神经网络而言，它只能从输入序列的正向来获取语义信息，而不能从反向的语义信息获取。就整个输入序列信息不能准确地把握，而实际上，大多数自然语言处理中的任务特别是机器阅读理解任务中需要模型从正反两个方向进行捕捉语义信息。例如，在抽取式的机器阅读理解中，对给定的问题，需要从给定的文本中找寻答案，这时再从文本的正向获取文本的信息就不能准确地预测答案，而是需要捕获文本的上下文信息。所以，针对这类问题，常见的解决办法是采用双向循环神经网络来对文本进行处理。这种双向循环神经网络可以为双向 LSTM[87]，也可以替换成双向 GRU。以 GRU 为例，双向 GRU，即 Bi-GRU 是从文本序列的两个方向上进行建模，正反两个方向都使用 GRU。Bi-GRU 的每一时刻的输出是这一时刻的正反两个方向输出序列向量的拼接。每一时刻都有正反两个方向的输出结果，并且相互独立，将最后时间步骤走完拼接后的隐藏层的信息作为 Bi-GRU 网络模型的最终输出。Bi-GRU 的总体模型如图 2.6 所示。

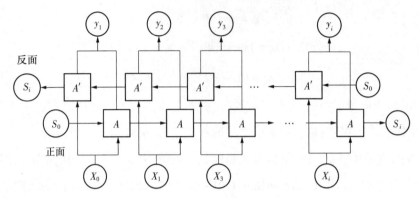

图2.6　Bi-GRU 的总体模型

2.3.3　注意力机制

注意力机制[88]是自然语言处理领域内非常重要的网络结构,在该领域内的任务中有着广泛应用。注意力机制最初是在图像处理领域中提出的,随后被引入了自然语言处理任务中。在上一小节中,介绍了长短时记忆神经网络和门控神经单元,两者都能够很好地解决长距离的文本序列,但是当我们在做其他任务时,还会有其他问题,例如,在多文本的机器阅读理解任务中,神经网络要回答问题就要从多篇文本中搜集与问题相关的线索,如果文本序列非常长或者相关联的词语在句子中的跨越距离很长,即使使用上述的神经网络也会有相关词语之间语义丢失的问题,而采用注意力机制能够很好地解决此类问题,在自然语言处理中有着不错的表现。

与其他神经网络结构一样,注意力机制的研究也受启发于人类世界的认知形式。当人们在阅读时,会将注意力放在应该关注的地方,而对其他无关紧要的内容进行略读或者直接省略来减少注意力,最后阅读完成后就能够把握住文章的主要内容。对于机器来说,使用注意力机制同样可以达到这样的效果,在神经网络处理过长的文本序列中,通过采用注意力机制使网络能够捕获重要的信息,忽略或者减少学习无关信息,避免受到无关信息的干扰,提升神经网络的计算效率。在处理输入序列时,对序列中含有重要信息的位置赋予高的权重值,让神经网络了解该部分是重要的信息,使该部分信息能够在神经网络中长距离传递[89]。而对无关的信息会分配较低的权重,使神经网络减少该部分的学习,由于权重低,随着神经网络的不断训练,权重不断更新。无关的数据对最终结果的计算参与度很低,对结果影响不大,而重要的信息会对最终结果贡献度很高,这样就使得神经网络在训练中能够重视相关度高的数据,丢弃无关的数据。最终实现神经网络把注意力放在重要数据的位置,能够得到很好的效果。

注意力机制(Attention)本质上就是权重计算,其结构图如图2.7所示。

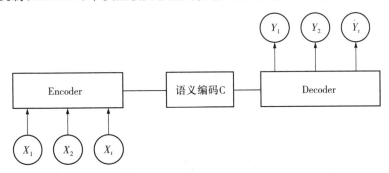

图2.7 注意力机制结构图

在机器阅读理解任务中,模型处理的内容包括文章和问题两个部分。注意力机制的工作原理是计算问题与文章之间的权重值,问题中的每一个词与文章中的每一个词的相关程度是不同的。如果问题序列中的某个词与文章中的某个词的相关度越高,那么两者之间的权重就越大,即两个词之间的注意力关注度越高;反之,相关度越低权重就越小,注意力关注度也更小。

注意力计算过程图如图2.8所示。

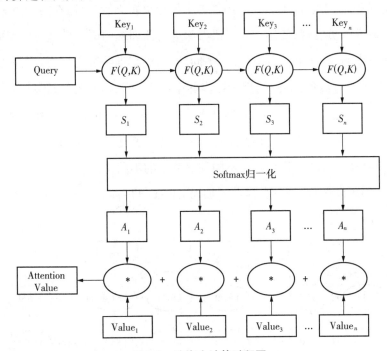

图2.8 注意力计算过程图

注意力机制计算式为:

$$e_i = f(Q, K_i) \tag{2.17}$$

$$a_i = \text{softmax}(e_i) = \frac{\exp(e_i)}{\sum_j e_j} \qquad (2.18)$$

$$\text{attention}(Q, K) = \sum_i a_i K_i \qquad (2.19)$$

由上述公式可知,注意力机制的计算过程。首先计算 Query 与 Key 的相似度权重 e_i,常用相似度函数 f 为点积、拼接等,之后使用 softmax 函数对权重 e_i 进行归一化得到 a_i,最后将 a_i 和上下文词向量加权求和得到注意力表示,目前 NLP 研究中,Key 和 Value 通常是同一个,即 Key=Value。

这里使用了双向注意力,双向注意力就是从两个方向进行注意力的计算,即上下文对问题的注意力及问题对上下文的注意力。

2.4 预训练语言模型

近年来,预训练语言模型成为自然语言处理领域研究的热点问题,其基本思路是:首先在大规模的数据集上进行无监督学习,经过充分训练后得到了模型的参数,然后将训练好的模型用于下游任务,在下游任务上就不用将整个模型重新训练,只需在已训练好的基础上进行微调。许多研究人员发现,使用大规模语料库进行预训练的语言模型能达到更好的效果。

不管是 Word2vec 还是 GloVe 都存在一个问题,当模型训练好之后,每个词的词向量就不会再变了,这并不符合我们的要求,因为在实际生活中经常会出现一词多义的情况。例如,"门槛"这个词,可以指真实的门框下面挨着地面的横木,也可以比喻某种标准或条件,如名校门槛很高。每个词的具体意思要结合上下文的语境来进行分析,用传统的词嵌入技术难以做到,因此需要动态地学习每个词在不同的语境下的不同含义。

Peters 等人为了解决这一问题,提出了 ELMo(Embeddings from Language Models)模型,模型结构如图 2.9 所示。

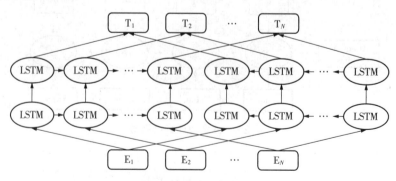

图 2.9 ELMo 模型结构

从图 2.9 中可以看出,ELMo 模型利用双向 LSTM 进行编码,能够充分学习到每个词的语法和语义信息。同时,在不同层 LSTM 之间引入残差链接,简化了学习过程,加快了梯度的传播速度,提高了学习效率。ELMo 模型首先在大规模的语料库上进行了训练,然后将训练好的词向量表示用到下游任务中进行微调,已在多个任务上有了明显的改善。然而,ELMo 的双向 LSTM 结构其实是由两个单向 LSTM 拼接而成的,实际上还是单向的语言模型,并没有真正意义上的融合双向语义信息。另外,LSTM 虽然能够处理较长的序列,但是由于 RNN 模型是基于时间序列的,不能够并行计算,导致了训练时间较长。

2017 年,谷歌提出了 Transformer 模型,使用 Attention 机制,可以一次性地将完整的序列输入模型进行训练,解决了 LSTM 不能并行计算的问题。BERT 模型使用的 Transformer 编码器,实现了真正意义上的双向,结构如图 2.10 所示。由于 Transformer 本身的特性,使得 BERT 能够捕捉上下文的双向关系,在强大的硬件设备支撑下,进行了大规模的无监督训练,因此,在多个任务上结果有了大幅度提升。BERT 模型的出现,对于自然语言处理产生了巨大的冲击力,几乎刷新了所有的文本表示类任务的最好性能,具有里程碑意义。

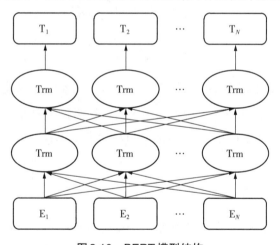

图 2.10　BERT 模型结构

BERT 模型接收到自然语言序列后,需要在序列的开头和结尾处加特殊的标记符,如果输入的是两个序列,则除了开头和结尾,还需要在两个序列之间加分隔符。对输入的每一个 token,分别有 3 个 embedding: Token Embeddings、Segment Embeddings 和 Position Embeddings,每个 token 的词向量由 3 个向量相加而成。BERT 的模型输入如图 2.11 所示。

输入时的[CLS]和[SEP]为特殊的 token,在数据预处理时通过 Wordpiece 对单词进行拆分,因此对于英文来说每个 token 可能不是一个完整的单词,例如,"playing"拆成了"play"和"ing",比起使用完整的单词和仅使用一个字母,取了一个折中的办法。Segment Embeddings 用来区分两个序列,序列 A 用全 0 表示,序列 B 用全 1 表示。Position Embeddings 是将每个

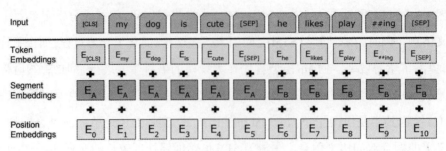

图2.11 BERT模型输入

token的位置信息进行编码,由于Transformer不像RNN一样能捕捉序列中每个词的位置信息,因此在词嵌入时引入位置编码,为了帮助模型区分每个词的位置。一个词在句子中的位置不同,其含义可能也不一样,如果不考虑位置信息,那么某个token在和两个相同的token计算attention时结果会相同。作者提出了一种使用正余弦函数交替的方法来进行编码,其计算式为:

$$PE\,(\,\text{pos},\ 2i\,) = \sin\left(\frac{\text{pos}}{10\,000^{2i/d_{\text{model}}}}\right) \tag{2.20}$$

$$PE\,(\,\text{pos},\ 2i+1\,) = \cos\left(\frac{\text{pos}}{10\,000^{2i/d_{\text{model}}}}\right) \tag{2.21}$$

这里使用的是BERT-base版,由12层Transformer编码器构成,每层的输出作为下一层的输入,Transformer的编码器如图2.12所示。输入的自然语言序列首先编码为词向量表示,然后输入Self-Attention层,图中以两个词为例,这里使用多头注意力机制,其计算式为:

$$\text{Attention}\,(\,Q, K, V\,) = \text{softmax}\left(\frac{Q^{\mathrm{T}}K}{\sqrt{d_k}}\right)V \tag{2.22}$$

其中,Q, K, V为输入向量与初始化矩阵相乘后的结果,通过不断训练得到,d_k是调节的参数,防止两个矩阵相乘后结果过大导致softmax函数的梯度调小。自注意力层主要计算两词之间的影响有多大,经过残差连接和归一化之后,输入到不同的Feed Forward Neural Network(一个单层的前馈神经网络),输出的结果再经过残差连接和归一化之后输出,即为第一层隐藏层输出的词向量表示,每一层输出的中间向量再作为下一层的输入。

BERT放弃了传统的CNN和RNN,采用两个预训练任务分别是:"遮盖语言模型"(Masked Language Model, MLM)和"上下句预测"(Next Sentence Prediction, NSP)。MLM是随机遮盖一部分token,让模型对遮盖部分进行预测,这样当模型遇到没有见过的词时,能够更加健壮,MLM是随机mask掉这句话中的15%的词,具体遮盖规则如下:

①80%的概率用特殊标记"[mask]"替换。

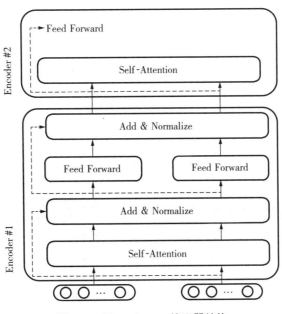

图2.12 Transformer编码器结构

②10%的概率随机用别的词替换。

③10%的概率不进行替换。

NSP任务是判断两个序列是否为上下句的关系,是对句子连续性的预测,在训练时,从语料库中随机抽出两句话,其中有一半的两句话是上下句关系,另一半不是上下句关系。通过NSP可以学习到句子之间的依赖关系,这些关系保存在[CLS]这个特殊token对应的向量中,使模型获得更丰富的语义表示,捕捉句子层面的语义特征。

2.5 多任务机器阅读理解模型

多任务学习(Multi-Task Learning, MTL)是将多个相关任务放在一起学习的一种机器学习方法,属于迁移学习的一种,目前已成为一种广泛使用的技术,可以通过深度神经网络学习更强大地表示。其核心思想是联合训练多个任务,通过将其他任务学习到的相关知识应用到目标任务上,来提升模型的效果,增强泛化能力。当然这里的其他任务要与目标任务有一定的相关性,如果几个任务之间没有什么联系,那就不一定会有很好的效果。MTL是一种集成学习方法,将几个任务同时训练,使得多个任务之间相互影响,一般是对共享参数的影响。当多个任务共享同一模型结构时,该结构中的参数在优化时会受到所有任务的影响,因此,这样训练出来的模型会比单任务训练出来的模型泛化能力要好。单任务学习和多任务学习对比示意图,如图2.13所示。

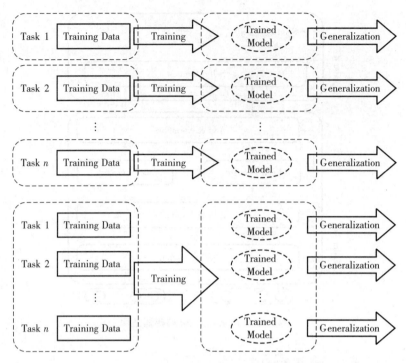

图2.13　单任务学习和多任务学习对比示意图

从图2.13中可以看出,单任务学习的各个模型之间是相互独立的,多任务学习的各个模型之间是共享的。多任务学习可以看作受人类的启发,例如,学习一个英语单词时,用眼睛看的同时张嘴读、动手写,比起只用眼睛看效果往往会更好。"看、读、写"可以看作3个任务,通过"训练"让大脑记住这个单词,在这个过程中,3个任务具有相关性,根据读音很容易将这个单词写出来,从而使大脑记得更牢固。在深度学习中,多任务学习的两种最常用方法:一个是参数的硬(hard)共享;一个是参数的软(soft)共享。

参数的硬共享在深度神经网络的MTL中最为常见,是指多个任务共享同一层或同几层隐藏层,最后使用不同的输出层分别对几个任务进行输出。通过共享隐藏层网络,能够使模型学习到几个任务共有的一些特征,同时几个任务的底层所共享的隐藏层参数相同。针对不同任务的不同特点,设计不同的顶层输出结构,抽取更高层次的特征。参数硬共享降低了模型过拟合的风险,这就好比我们同时做多项任务,每个任务有不同的方法一样,想要找到一个方法做所有的事情很难。MTL的参数硬共享示意图如图2.14所示。

参数的软共享是指多个任务使用多个不同的模型结构,每个模型有自己的参数,但是多个模型的参数相互约束。多个模型参数之间的距离是正则化的,以此来保证模型间的参数尽可能相似。受MTL正则化的启发,对深度神经网络的软参数共享提出了不同的正则化方法,文献[90]使用L2范数来约束不同任务之间的参数,文献[91]使用迹范数来进行正则化。MTL的参数软共享示意图如图2.15所示。

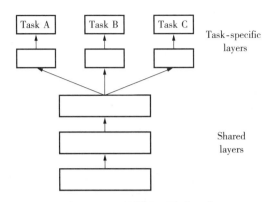

图2.14 MTL的参数硬共享示意图

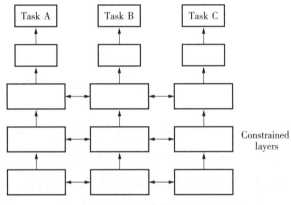

图2.15 MTL的参数软共享示意图

多任务学习之所以有效,主要有以下原因:

①同时学习多个任务时,任务之间有相关的地方,也有不相关的地方,在学习一个任务时,与该任务不相关的地方就相当于噪声,引入噪声可以提高模型的泛化能力,减小过拟合的风险。

②在单任务学习中,梯度反向传播过程中很容易陷入局部最小值,而多任务学习时,多个任务的局部最小值分布在不同位置,通过相互作用可以有效帮助模型摆脱局部最小值。

③如果存在数据量小、向量维度高、噪声严重的情况,MTL可以隐式地增加数据,帮助模型找到有用的特征,因为其他任务会从不同方向提供信息。

④某些特征G对任务A来说可能很难学习到,但对任务B来说学习起来很容易,这可能是因为某些其他特征阻碍了任务A对特征G的学习,或者是任务A和特征G的交互方式更为复杂,MTL可以使任务A的模型"窃听"到任务B学习到的特征G。

当面对多个问题时,不应该将它们拆解成一个个单独的问题,这样会破坏问题之间的关联性,导致在处理其中一个问题时可能变得很困难。深度神经网络中MTL能够学习到更多的特征,特别适合一次获得多个任务的预测,受到更多研究人员的关注。

2.6 多文档机器阅读理解模型

传统的机器阅读理解模型通常采用分层结构,一般可以分为词嵌入层、编码层、交互层和答案预测层4个部分。每层的功能都是具体的且不一样的,可概括如下:

①词嵌入层(Word Embedding Layer)。该层的主要功能是将文章和问题序列中的词语进行向量化表示。将得到的词向量输入模型中并参加模型的训练。根据不同的问题和模型的结构可以调整词向量的维度。在作词嵌入时通常采用Word2vec和GloVe方法得到词语的向量化表示。

②编码层(Encoder Layer)。该层的主要功能是分别对文章和问题进行语义特征提取,利用编码神经网络根据词嵌入得到的向量进行编码得到文章和问题的语义信息向量,最终整合向量输出一个包含语义信息的矩阵。通常采用的编码神经网络为RNN, LSTM, GRU等循环神经网络。

③交互层(Interaction Layer)。该层是模型中的重要部分,主要功能是融合问题和文章之间的信息,在编码层问题和文章中各自的编码互相独立,所得的词向量是没有关联的。交互层是在文章和问题之间建立联系,使问题信息能够融入文章信息中。使模型带着问题去阅读文章。通常在交互层中使用注意力机制来进行信息交互。

④答案预测层(Answer Layer)。该层的主要功能为预测答案,模型根据交互层输出的上下文信息输出模型预测的结果。根据任务的不同预测答案的方式也不相同。在跨度抽取式任务中,答案预测层一般会采用全连接网络或者指针网络(Pointer Network)来预测答案在文章中的开始位置和结束位置。

传统机器阅读理解模型主要由以上四层结构组成,其总体模型框架如图2.16所示。

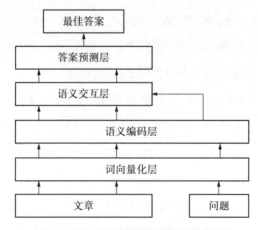

图2.16 传统机器阅读理解模型框架图

研究者在研究机器阅读理解模型时都是以传统模型架构为基础的。在模型的各个部分进行改进。例如,在词嵌入层尝试不同的词嵌入方法,在编码层中使用LSTM或者GRU等进行语义编码,作为模型最核心部分的交互层是改进比较频繁的地方,因为使问题信息融入文章中时的本质就是让模型读懂文章从而回答问题,也是研究模型的最终目的,在答案预测层使用全连接网络或者指针网络或者其他网络对比模型的结果。

传统的机器阅读理解模型中普遍存在以下缺点:

①对DuReader这种数据集,文本序列过长以至于超过了传统模型所接受输入的范围。

②采用LSTM进行语义编码,每一时刻的输出只含有序列正向的信息,无法获取反向的信息,并且LSTM结构复杂,计算时间过长,使模型效率降低。

③问题与文章的语义信息没有足够的交互融合,使模型很难从文章中找到回答问题的线索,从而降低模型的准确度。

第3章　对话式机器阅读理解研究

3.1　基于深度学习的对话式机器阅读理解模型

在自然语言处理领域,机器阅读理解有着广泛的研究基础。从2017年以来,越来越多的研究人员投身于机器阅读理解的研究,包括对更复杂的问题和神经网络模型的研究,例如,如何解决无法回答的问题、如何结合知识库回答问题等。如果能使机器完全理解人类语言,那么将对人机交互产生天翻地覆的变化,能够解决很多实际生活中的问题。本章将详细介绍基于深度学习的对话式机器阅读理解模型。

3.1.1　模型结构

这里所用的模型在文献[92]的基础上做了改进,提出了CoBERT-BiGRU模型,主要分为嵌入层、历史注意力层和推理预测层,其主要的改进在嵌入层和推理预测层。模型整体结构图如图3.1所示。

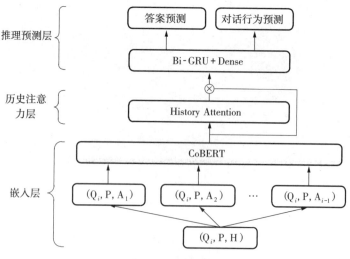

图3.1　模型整体结构图

嵌入层首先对数据进行预处理,将问题、文章和对话历史拆分成多个变体,拆分依据是每个变体包含的当前问题、文章和其中一轮对话历史,将多个变体序列输入预训练好的BERT模型中,这里提出了一种对BERT模型输出的改进方法,具体见3.2节,输出多个变体序列的词向量表示。历史注意力层将根据每个序列的重要程度分配不同的权重,然后对其进行加权求和,最终求得一个序列的向量化表示,因为一开始输入的是一个序列,所以要分成多个序列,是为了捕获不同轮对话历史对回答当前轮问题的有用信息。推理预测层使用双向GRU来抽取序列中更为复杂的语义信息,再通过全连接层做一个向量维度的转换,其最终任务需要完成对答案的预测和对话行为的预测,考虑需要对两个任务进行预测,采用多任务学习的思想联合训练两个任务。

1)嵌入层

嵌入层主要对BERT模型进行了改进,它将问题、文章和对话历史编码成上下文表示。BERT的开源使得我们能够便于获得,并在其基础之上根据自己的任务进行微调,大大提升了训练效率及实验结果。在BERT原有的3个embedding基础之上,添加了History embedding,目的是能够更好地对历史答案进行嵌入,使用此方法对数据进行预处理后,输入到预训练的BERT模型中,如图3.2所示。

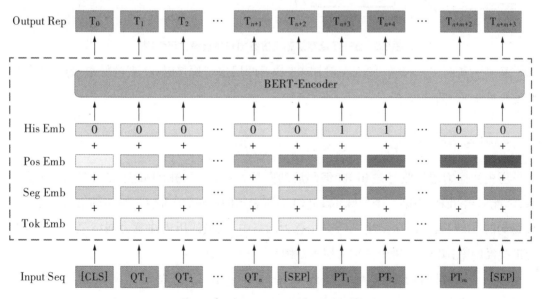

图3.2　带有历史答案嵌入的BERT模型

图3.2中的[CLS]和[SEP]是特殊的分隔符,QT是问题中的词共 n 个,PT是段落中的词共 m 个,在BERT中有3种向量分别为:token embedding,segment embedding和position embedding。在图中分别表示为 Tok Emb,Seg Emb 和 Pos Emb。其中,token embedding是通过普通

的词嵌入技术将自然语言编码成词向量表示;segment embedding 是为了区分同一序列的两个部分;position embedding 是为了记录每个词的相对位置,3 个向量的维度是相同的,训练时每个词对应的 3 个向量相加作为该词的向量表示。在此基础之上添加 History embedding,图中表示为 His Emb,它是与 BERT 中其他 3 个向量维度相同的向量,当历史答案中的词在原文中出现时,便将该词进行标记。History embedding 向量是将出现的词向量用全 1 表示,未出现的用全 0 表示,然后将这 4 个向量相加即为嵌入层中 BERT 的输出。

BERT-base 共有 12 层隐藏层,每层的 hidden size 为 768,多头注意力有 12 个头。其中的每一层都有输出,为了获得更丰富的语义信息表示,将这些隐藏层的输出分别做相加和拼接操作,如图 3.3 所示。

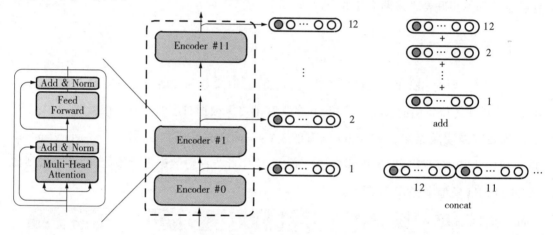

图 3.3　BERT 隐藏层输出进行加和拼接操作示意图

经过大量的实验,最终发现在对 BERT 的后两层进行拼接时,达到的效果最好,具体实验结果见实验结果与分析。

2)历史注意力层

历史注意力层接收经过 BERT 编码后的向量表示,由于 BERT 能捕捉双向的上下文关系,因此取出 BERT 中第一个特殊 token[CLS]所表示的向量,即可包含整句的语义信息。取出每句的[CLS]表示的向量输入历史注意力网络中,这里的历史注意力网络是一个单层的前馈神经网络,图 3.4 为历史注意力层示意图。

将每个序列的向量化表示为 T_i,T_i 中的第一个[CLS]表示的向量记为 $T_i^{[CLS]}$,则 $T_i^{[CLS]} \in \mathbb{R}^h$,其中 h 为 BERT 隐藏层的 hidden size,在历史注意力层网络中学习一个向量 V,$V \in \mathbb{R}^h$,然后通过 softmax 函数计算出概率即为该轮对话历史所占的权重,其计算式为:

$$w_i = \frac{\exp\left(V \cdot T_i^{[CLS]}\right)}{\sum_{j=1}^{k} \exp\left(V \cdot T_j^{[CLS]}\right)} \tag{3.1}$$

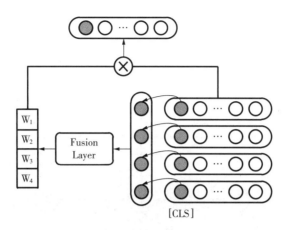

图3.4　历史注意力层

其中，W_i代表第i轮答案对当前问题的影响程度，k是考虑的最大对话历史轮数。在得到不同轮对话历史的影响程度后，分别与对应的序列向量化表示相乘，再将相乘后的结果累加起来，得到一个序列的向量化表示，其计算式为：

$$T = \sum_{i=1}^{k} T_i \cdot W_i \tag{3.2}$$

3）推理预测层

推理预测层接收历史注意力层输出的向量表示，由于本文采用的数据集为QuAC，除了对答案进行预测外，还有对话行为的预测，为了提高模型泛化能力，采用多任务学习技术对两个任务联合训练。由于对话行为预测并不是主要任务，因此，在计算该部分损失时，可以用[CLS]向量来简化处理。推理预测层结构如图3.5所示。

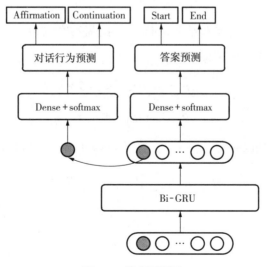

图3.5　推理预测层

上下文信息对理解当前词的语义信息非常重要,只有充分理解才能帮助模型提高对答案预测的准确率。因此,这里使用双向GRU,即一个正向GRU和一个反向GRU从两个方向同时进行训练,然后将正向和反向学习得到的向量拼接起来,作为当前时刻输出的向量表示。

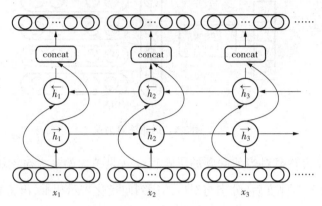

图3.6　Bi-GRU结构图

Bi-GRU结构如图3.6所示。实际上Bi-GRU并不是真正意义上的双向,而是由一个正向GRU和一个反向GRU拼接而成的。输入$T = \{x_1, \cdots, x_n\}$,在t时刻Bi-GRU隐藏层输出为h_t,其计算过程如下所示:

$$\vec{h}_t = \sigma\left(\boldsymbol{W}_{x\vec{h}}x_t + \boldsymbol{W}_{\vec{h}\vec{h}}\vec{h}_{t-1} + b_{\vec{h}}\right) \tag{3.3}$$

$$\overleftarrow{h}_t = \sigma\left(\boldsymbol{W}_{x\overleftarrow{h}}x_t + \boldsymbol{W}_{\overleftarrow{h}\overleftarrow{h}}\overleftarrow{h}_{t-1} + b_{\overleftarrow{h}}\right) \tag{3.4}$$

其中,$\boldsymbol{W}$是两层之间的权重矩阵,b是偏置,σ是激活函数,$\vec{h}_t$和$\overleftarrow{h}_t$分别是正向和反向GRU的输出。Bi-GRU的输出$\tilde{T}$为正向和反向的拼接,即$\tilde{T} = \left[\vec{h}_t; \overleftarrow{h}_t\right]$。

通过计算每个词作为开始和结束的概率来预测答案的范围。将Bi-GRU的输出经过Linear和softmax函数,其计算式为:

$$P_{\mathrm{S}} = \mathrm{softmax}\left(\boldsymbol{W}_1 \cdot \tilde{T} + b_1\right) \tag{3.5}$$

$$P_{\mathrm{E}} = \mathrm{softmax}\left(\boldsymbol{W}_2 \cdot \tilde{T} + b_2\right) \tag{3.6}$$

其中,$\boldsymbol{W}$是经过学习得到的矩阵,b是偏置。损失函数使用交叉熵损失函数,其计算式为:

$$L_{\mathrm{S}} = -\sum_{i=1}^{n} P\left(t_i = t_{\mathrm{S}}\right) \cdot \log P_{\mathrm{S}} \tag{3.7}$$

$$L_{\mathrm{E}} = -\sum_{i=1}^{n} P\left(t_i = t_{\mathrm{E}}\right) \cdot \log P_{\mathrm{E}} \tag{3.8}$$

$$L_{\mathrm{ans}} = \frac{1}{2}\left(L_{\mathrm{S}} + L_{\mathrm{E}}\right) \tag{3.9}$$

其中,L_S 和 L_E 分别是开始和结束 token 的损失;L_{ans} 表示答案范围预测的损失;n 表示序列长度;t_S 和 t_E 表示真实的开始和结束的 token。对无法回答的问题,QuAC 数据集中的每一段都会附加一个"CANNOTANSWER"标记,如果模型认为问题是不可回答的,那么它将学习预测这个确切标记。对无效的预测,包括预测范围与序列的问题部分重叠,或者结束词在开始词之前等,这些情况应该被丢弃。

另外,QuAC 数据集还提供了两种对话行为预测:affirmation(Yes/No)和 continuation(Follow up)。affirmation 由 3 个可能的标签组成:{yes, no, neither},continuation 可能包含 3 个标签:{follow up, maybe follow up, don't follow up}。每个问题都有两个对话行为,每个对话行为的标签是互斥的。关于对话行为的预测与答案预测类似,其计算式为:

$$P_A = \mathrm{softmax}\left(W_A \cdot \tilde{T} + b_A\right) \tag{3.10}$$

$$P_C = \mathrm{softmax}\left(W_C \cdot \tilde{T} + b_C\right) \tag{3.11}$$

其中,P_A 和 P_C 分别表示 affirmation 和 continuation 两种对话行为的概率,A 和 C 是通过学习得到的矩阵向量,则两种对话行为的损失计算如下:

$$L_A = -\sum_{i=1}^{3} P\left(V_i = V_A\right) \cdot \log P_A \tag{3.12}$$

$$L_C = -\sum_{i=1}^{3} P\left(V_i = V_C\right) \cdot \log P_C \tag{3.13}$$

其中,L_A 和 L_C 分别是 affirmation 和 continuation 两种对话行为的损失,V_A 和 V_C 表示对话行为中真实的 label。采用多任务学习的思想来联合学习答案广度预测任务和对话行为预测任务,使用超参数 λ 和 μ 来合并所有损失,总损失 L 的计算式为:

$$L = \mu L_{ans} + \lambda L_A + \lambda L_C \tag{3.14}$$

3.1.2　小结

本节提出了一个基于深度学习的对话式机器阅读理解模型——CoBERT-BiGRU 模型,主要分为 3 层,分别是:嵌入层、历史注意力层和推理预测层。第一部分介绍了对话式机器阅读理解的定义,分析了模型的各个组成部分。第二部分介绍了模型的嵌入层,主要通过预训练语言模型 BERT 来获得自然语言序列的词向量表示,提出了一种对 BERT 的改进方法,并通过实验证明了该方法的有效性,具体实验数据见 3.2 节。第三部分介绍了模型的历史注意力层,该层的主要目的是将数据预处理阶段拆分的几个变体序列融合成一个序列的表示,降低模型的复杂程度。第四部分介绍了模型的推理预测层,采用 Bi-GRU+全连接层的结构,在训练时,考虑到由于 QuAC 数据集除了对答案范围进行预测外,还需要对话行为的预测,有多个预测任务,因此,采用多任务学习的方法,将两个任务联合训练,最终得到预测结果。

3.2　实验结果与分析

3.2.1　实验环境及设置

本实验采用的操作系统为Linux,运行在NVIDIA GeFore GTX 2080 Ti GPU, CUDA10.0,编译环境为Python 3.5,Tensorflow-gpu 1.10.0。采用Adam[40]优化算法进行参数更新,Bi-GRU隐藏单元数设为128,其他参数设置见表3.1。

表3.1　参数设置

参数	数值
epochs	20
batch size	8
learning rate	0.000 03
最大考虑历史轮数	3
μ	0.8
λ	0.1

3.2.2　实验评价指标

本实验采用的评价指标有两个:词级别的F1分数和人类等效分数(human equivalence score,HEQ)。F1是精确率(precision)和召回率(recall)的加权调和平均,用于评估预测答案与真实答案的重叠部分。精确率precision、召回率recall的计算式为:

$$precision = \frac{overlap\_num}{prediction\_num} \tag{3.15}$$

$$recall = \frac{overlap\_num}{truth\_num} \tag{3.16}$$

其中,overlap_num表示预测答案与真实答案重叠的字数;prediction_num表示预测答案的字数;truth_num表示真实答案的字数。F1的计算式为:

$$F1 = \frac{2 \times \text{precision} \times \text{recall}}{\text{prediction} + \text{recall}} \tag{3.17}$$

HEQ 是衡量模型 F1 超过或匹配人类 F1 的百分比,用于评估模型输出是否与人类回答一样好。其中,HEQ 又分为 HEQ-Q 和 HEQ-D。HEQ-Q 是正确回答出问题的百分比,HEQ-D 是正确预测一篇文章对应的全部对话行为的百分比。

3.2.3 实验数据

这里采用的数据集为 QuAC,英文全称为 Question Answering in Context,是基于上下文的问答数据集,问答类似于对话的形式,它包含了 14 000 个问答对话(总共有 10 万个问题)。QuAC 中的文章来自维基百科,提问者预先是看不到上下文的,只知道主题,然后自由提问,回答者能够看到完整的文章来回答问题。这样一来可以避免提问者在提问时受到来自文章的影响,如果在问题中出现与上下文相同或相似的词,训练出的模型并不是真正意义上理解了原文。对无法回答的问题,在段落最后会附加一个词"CAN NOT ANSWER"作为标记,当模型认为问题是无法回答的,就会学习预测这个确切的标记。QuAC 数据集分布如图 3.7 所示。

	Train	Dev.	Test	Overall
questions	83 568	7 354	7 353	98 407
dialogs	11 567	1 000	1 002	13 594
unique sections	6 843	1 000	1 002	8 854
tokens / section	396.8	440.0	445.8	401.0
tokens / question	6.5	6.5	6.5	6.5
tokens / answer	15.1	12.3	12.3	14.6
questions / dialog	7.2	7.4	7.3	7.2
% yes/no	26.4	22.1	23.4	25.8
% unanswerable	20.2	20.2	20.1	20.2

图3.7 QuAC 数据集分布图

3.2.4 实验结果

1)各模型对比

与本实验对比的模型有在该数据集上的 baseline 和 QuAC 排行榜上已公开的部分模型,具体包括以下几种:

①Pretrained InferSent[93]:为了测试单词匹配的重要性,输出一个句子 s,其经过预训练的推断表示与问题的余弦相似度最高。

②Feature-rich logistic regression[94]:使用 Vowpal Wabbit 训练一个逻辑回归模型来选择答案句。

③BiDAF++：BiDAF使用双向流注意力机制来获得问题和上下文的表示，BiDAF++通过自注意力和上下文嵌入做了进一步的扩充。

④BiDAF++(w/k-ctx)：由于BiDAF++没有对任何对话进行建模，因此修改了段落和问题的嵌入过程以考虑对话历史，这里的k是考虑前k轮对话。

⑤BERT+HAE[95]：该模型改编自BERT论文中在SQuAD上的模型，它使用历史答案嵌入来实现对话历史与BERT的结合。

BERT+PosHAE：提出了PosHAE是对HAE的增强，该方法考虑了对话历史的位置信息。

表3.2是不同模型在验证集上的结果，可以看出较于之前的模型有了一定的提升，由于Yes/No和Follow up的预测任务不是主要任务，因此部分模型没有结果。

表3.2　不同模型在验证集上的结果

模型	F1	HEQ-Q	HEQ-D	Yes/No	Follow up
Pretrained InferSent	21.4	10.2	0.0	—	—
Logistic regression	34.3	22.4	0.6	—	—
BiDAF++(no ctx)	51.8	45.3	2.0	86.4	59.7
BiDAF++(w/1-ctx)	59.9	54.9	4.7	86.5	61.3
BiDAF++(w/2-ctx)	60.6	55.7	5.3	86.6	61.6
BiDAF++(w/3-ctx)	60.6	55.6	5.0	86.1	61.6
BERT+HAE	63.9	59.7	5.9	—	—
BERT+PosHAE	64.7	60.7	6.0	—	—
ours	65.1	61.3	7.2	88.2	61.5

2)改进BERT对实验结果的影响分析

由于采用的是BERT-base版，有12层隐藏层，改进方法分别是将这12层进行相加或拼接。考虑数据量较大，训练时间长的问题，取10%的数据进行测试，训练步数设为4 000步。关于BERT的改进如图3.8所示，其中，纵轴代表F1分数，横轴代表层数，如横轴的1-12代表将1-12层进行相加或拼接的操作，2-12代表将2-12层进行相加或拼接的操作，以此类推。为了防止偶然性，分别对每种情况进行3次实验取平均值，从实验结果可以看出，将BERT的

11层和12层隐藏层进行拼接时,比直接采用最后一层的输出结果要好。

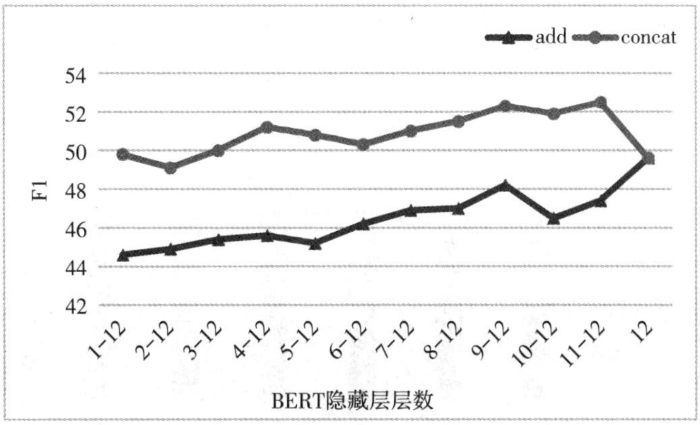

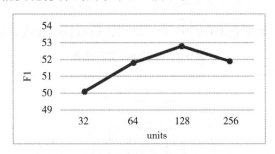

图3.8　BERT的改进

3)Bi-GRU 隐藏层节点数对实验结果的影响分析

Bi-GRU隐藏层节点数对实验结果和模型的复杂程度有一定的影响,如果节点数设置过少,则可能导致学习不够充分,对信息的处理能力不强;如果节点数设置过多,会导致网络结构过于复杂,使得学习效率下降,容易造成局部最优。关于Bi-GRU隐藏层节点数选择上,采用与上述相同的实验设置,也是在10%的数据上训练4 000步,通过改变Bi-GRU隐藏节点数的大小,观察模型的性能变化,实验结果如图3.9所示。

图3.9　Bi-GRU不同隐藏节点实验结果

根据实验结果可以看出,当节点数小于128个时,F1分数呈上升趋势,随着节点数的增加效果越来越好;当大于128个时,F1分数又呈现出下降趋势,效果开始变差,因此,将Bi-GRU隐藏节点数设为128。

4)考虑对话历史轮数对实验结果的影响分析

对话历史对解决当前问题有着至关重要的作用,文献[45,46,49,65,66]只是简单地选择了前一轮的历史,这种方式并不能很好地处理多轮历史。然而也不是所有的对话历史对当前问题回答都有帮助,相隔比较远的对话可能不会提供太多有用的信息,反而会因为考虑的历史轮数较多导致训练时间变长。同上,采用10%的数据训练4 000步,实验结果如图3.10所示。

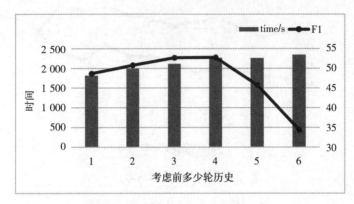

图3.10 考虑不同历史轮数实验结果

根据实验结果表明,随着考虑的对话历史轮数增多,所需的时间会不断增加,然而F1分数并不是也随之增加,反而在超过4轮之后出现明显的性能下降情况,这说明不是考虑的对话历史越多越好。虽然考虑前3轮的实验结果略低于前4轮,但是所需的训练时间更短,因此在考虑对话历史轮数方面,采用考虑当前问题的前3轮。

5)模型的消融实验结果

模型的消融实验结果见表3.3,表中"w/o"是指去掉或替换相应的部分。

表3.3 模型消融实验结果

模型	F1	HEQ-Q	HEQ-D	Yes/No	Follow up
ours	65.1	61.3	7.2	88.2	61.5
w/o CoBERT	64.5	60.5	7.1	88.0	61.9
w/o Bi-GRU	63.8	60.7	6.8	88.0	61.8

从表3.3中可以看出,当对BERT输出不作改进时,F1分数下降了0.6,HEQ-Q和HEQ-D分别下降了0.8和0.1;当去掉Bi-GRU时,F1分数下降了1.3,HEQ-Q和HEQ-D分别下降了0.6和0.4。实验结果证明,文中提出的CoBERT-BiGRU方法的有效性。

3.2.5 小结

本节主要介绍了实验部分,并对实验结果进行分析。首先介绍了实验的环境及参数的配置,其次介绍了实验的评价指标及计算公式,简要论述了实验所用的数据集,最后详细分析了实验结果,包括与各个模型对比的结果、改进BERT对实验结果的影响、Bi-GRU隐藏节点对实验结果的影响、考虑不同轮对话历史对实验结果的影响,经过消融实验证明了本方法的有效性。

第4章 多文档机器阅读理解研究

4.1 多文档机器阅读理解的相关工作

4.1.1 多文档机器阅读理解的概念

根据以上研究,我们发现之前大多数机器阅读理解模型都是对单篇文章的研究,而且研究现状也已经达到了相对成熟的地步。目前,随着百度在2018年发布的中文数据集,由于数据集中一个问题对应了多篇文档的特点,多文档的机器阅读理解研究正成为机器阅读理解研究方面新的热点,也是该领域内的新的方向,并且多文档机器阅读理解的研究对现在的生活有着很大的意义。

多文档机器阅读理解是机器阅读理解(Machine Reading Comprehension,MRC)研究新趋势之一,一般的多文档机器阅读理解任务可以描述为:对一个特定的问题 Q 以及一组问题所对应的文档 $D = \{ D_1, D_2, \cdots, D_n \}$,则机器阅读理解系统将通过神经网络对文本序列编码和交互,最终根据文档 D 中的证据输出最能回答问题 Q 的答案 A,目标是输出答案 A 尽可能接近人工生成的答案 A_t,并且用一组评估指标(Bleu-4,Rouge-L分数)来衡量 A 与 A_t 的接近度。

研究多文档机器阅读理解有着很重要的现实意义,比如,现在在搜索引擎上搜索你想了解的问题,那么搜索引擎就会展现给我们很多和问题相关的文档,这些文档与问题的相关度有高有低,我们要了解到问题,就要自己去对比判断哪个文档对自己比较有用,这样就会浪费时间和精力。如果将机器阅读理解应用到搜索引擎,那么搜索引擎就会根据用户所表达的内容作进一步分析,正确地理解用户所需的内容再提供答案,展现的内容将会比现有的搜索引擎更加准确。这将会是搜索引擎方面的重要突破。

因为DuReader数据集中的一个问题有多篇文档,所以为多文档机器阅读理解研究奠定了数据基础,能够在该数据集中很好地研究多文档机器阅读理解。在 DuReader 数据集中介绍了两种基线模型,分别为 Match-LSTM 模型和 BiDAF 模型。

4.1.2 经典基线模型

1)基线模型 Match-LSTM

Match-LSTM 模型是针对 SQuAD 数据集,基于长短时记忆网络 LSTM 对文本问题进行语义信息的编码,结合指针网络对预测的答案进行选择的一种机器阅读理解模型。根据预测答案方式的不同,可以把 Match-LSTM 分为序列模型和边界模型两种形式。

(1)序列模型

在答案预测层使用指针网络,对答案的连续性不作假设,即默认为所得到的答案在文章中不是连续存在的,预测答案中包含的词语可能会存在文章中的任意位置。

(2)边界模型

在答案预测层使用指针网络,考虑答案的连续性,即假设预测答案在文章中是连续的,存在于文章中某一句话,在预测时是对答案的开始位置和结束位置进行预测。边界模型相对于序列模型预测的答案范围缩小了很多,计算规模比序列模型小得多,减少了不必要的计算,从理论上来讲,该模型训练的效率和结果比序列模型要提升不少,在实际操作中也证实了这一点。

上述两种模型只是在答案预测时有所不同,在其他部分都是相同的,可以大致分为以下3个部分。

(1)LSTM preprocessing Layer

LSTM 预处理层的目的是将上下文信息合并到上下文和问题中每个标记的表示形式。在该层中首先用词向量表示问题和上下文,之后模型使用标准的单向 LSTM 分别对问题和上下文进行语义编码。由于使用单向 LSTM,所以最终输出的向量表示只含有输入序列左侧的语义信息,而捕捉不到右侧的信息。

(2)Match-LSTM Layer

该层的任务是把问题的信息融入上下文中。在这一层中结合了注意力机制。将上一层的输出作为这一层的输入,对上下文 D 中的每个词,对其计算关于问题 Q 的注意力权重分布,之后对该注意力权重进行求和,对融合了上下文中词和问题的注意力值的向量,再输入到下一层 LSTM 进行编码,最终得到该词的向量表示。

（3）Answer Pointer Layer

根据上述原因,在答案预测层中通常采用边界模型的预测方式,假设答案在文章中是连续的一句话或者一个连续的词语序列。

根据以上介绍的模型结构,Match-LSTM结构如图4.1所示。

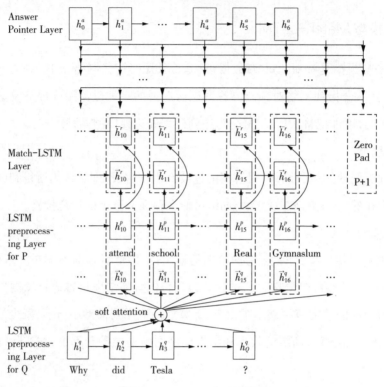

图4.1　Match-LSTM结构图

Match-LSTM模型中对上下文和问题的编码使用的是单向LSTM并不能很好地获取语义信息,在LSTM preprocessing layer最终输出的向量中只含有序列左侧的信息,没有右侧的信息。

2）基线模型BiDAF

BiDAF模型是当前比较常用的机器阅读理解模型,是一种采用双向注意力机制的神经网络模型。它在完成机器阅读理解时,使用双向注意力对上下文和问题进行两个方向上的注意力计算,使上下文和问题能够更好地进行语义交互,把问题的信息融入上下文的信息中,在回答问题时能准确地从上下文中找到答案,在预测答案时采用边界模型进行预测,即考虑答案的连续性。具体的BiDAF模型结构如图4.2所示。

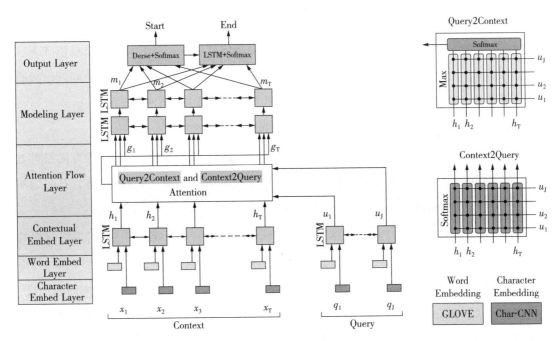

图 4.2　BiDAF 结构图

该模型总共有6层结构。以下分别对其进行详细介绍。

（1）Character Embedding Layer

该层主要是把上下文和问题中的每个单词按字符级别映射到高维的向量空间中。因为该模型的设计是基于英文数据集，输入的序列为英文单词，在英文中，一个单词所含的字母也可能有着不同的含义。例如，某个单词的后缀"ly"表示该单词是一个副词，或者后缀有"ing"表示名词、"ed"表示过去式以及"s"可能表示单词的复数形式。所以在处理英文数据集时应考虑字符级别的问题，单词中的某个字母可能也会有重要的信息。本模型使用卷积神经网络（CNN）来获得每个单词的字符级别的嵌入。字符被嵌入向量中，向量可被视为CNN的一维输入，其大小是CNN的输入通道大小。CNN的输出在整个宽度上最大池化，以获得每个单词的固定大小向量。

（2）Word Embedding Layer

该层的主要任务是把上下文和问题中的单词按照词级别映射到高维的向量空间中，我们使用预先训练的单词向量GloVe，以获得每个单词的固定单词嵌入。

字符和单词嵌入向量的连接被传递到两层 Highway Network 中。公路网的输出是高维向量的两个序列，或者是两个矩阵。一个是上下文的矩阵X，一个是问题的矩阵Q。

（3）Contextual Embedding Layer

该层主要是对上层输出的上下文向量和问题向量进行语义编码。首先使用一层双向

LSTM 在输入序列的正反两个方向编码,再通过一层双向 LSTM 进行编码之后的向量输出。在这一层所输出的是一个上下文语义信息矩阵和问题信息矩阵。上下文语义信息矩阵表示的是包含了整个上下文序列中的信息。问题语义信息矩阵表示的是包含了整个问题序列的信息,所以说,该层就是从整个输入序列层面上进行的特征处理。

(4)Attention Flow Layer

该层是本模型的重要核心模块,也是 BiDAF 模型的创新部分,从两个不同的方向来对上下文和问题进行注意力计算。这一层输入的是上下文和问题的特征矩阵,输出为有问题相关的上下文信息的向量。

计算两个方向的注意力就是计算上下文到问题和问题到上下文的注意力,最终所得的注意力值就包含可上下文和问题的信息。具体计算步骤是,首先利用上下文矩阵和问题矩阵计算一个相似度矩阵 S,其中,S_{ij} 表示的是上下文中第 t 个词与问题中第 j 个词的相关度。上下文到问题 C2Q 的注意力表示问题中哪个词与每个上下文词相关度最高,问题到上下文 Q2C 的注意力表示上下文中哪个词与问题中的每个词的相关度最高。在计算完注意力之后,经过一个神经网络输出最终结果,输入到该神经网络的两个方向的注意力矩阵以及上下文语义信息矩阵,使用神经网络对三者进行拼合连接,最终输出语义信息 G。

(5)Modeling Layer

该层主要对上下文词的问题感知表示进行编码。建模层的输出捕获以查询为条件的上下文词之间的交互。这与上下文嵌入层不同,后者捕获独立于问题的上下文词之间的交互。使用两层双向 LSTM,输出矩阵 $\boldsymbol{M}$ 的每个列向量都应包含有关整个上下文的单词的上下文信息。

(6)Output Layer

该层的主要任务是预测答案,因为模型预测答案时考虑答案的连续性,假设答案是连续的字符串,所以在预测时只需要预测答案开始和结束位置。模型在预测答案开始位置时,采用的是全连接网络,使 $\boldsymbol{M}$ 经过全连接网络来预测开始位置。预测答案结束位置时,使用一层 Bi-LSTM 处理矩阵 $\boldsymbol{M}$,最后使用全连接网络预测答案。

4.1.3 模型设计

在一般的机器阅读理解模型任务中,所采用数据集的内容只是一个问题对应一篇文章,所以一般的机器阅读理解模型在预测答案时只考虑单一的文档,从文章中找到与问题相关度比较高的信息作为回答问题的重要依据,因为没有其他无关的信息干扰模型,所以在预测结果时准确度比较高。而 DuReader 数据集的提出给研究者提出了新的挑战,与其他数据集相比,DuReader数据集有很多不同的地方,首先数据规模很大,包含问题和文档的个数非常多,文档长度比较长,这在模型处理输入序列时增加了难度;它的每条数据都来自真实数据,问题类型包括实体性、观点型等类型,这在模型训练时无疑增加了训练难度;最重要的一点是每个问题都对应着多个文档和答案,在多个文档中,其中有的文档与问题相关度比较高,对预测答案有重要的作用,但是其他文档与问题的相关度并不高,这样就会导致无关信息产生噪声影响模型训练,进而预测答案的准确度也会下降。另一个重要问题DuReader数据集是中文数据集,以上基线模型是基于英文数据集提出的,而对处理该数据集的两种基线模型在词嵌入部分都是使用了预训练好的GloVe词向量,我们考虑通过自己训练词向量模型做词嵌入是否能够提升模型的准确度。

通过以上对问题的分析,需要解决的问题有:在词嵌入部分要训练词向量模型使文本向量化表示,进而输入模型中;输入文本序列超过了当前机器阅读理解模型的处理方式,需要一种处理文本序列的方法,既要保留有效信息,又能缩短序列长度;还要提高模型的特征提取能力,要让模型只关注重要信息,不受无关信息的干扰从而提升模型的准确度,更要考虑如何让模型更好地去交互问题和文章之间的信息。

针对以上问题,模型的大体思路如下:

在词嵌入时,这里不再使用原本的预训练好的GloVe向量而是使用Word2vec方法进行词向量的预训练。

对于文本序列过长的问题,本篇提出一种段落抽取的方法,计算各个段落与问题之间的相关度,对相关度较高的多个段落和文档标题相连作为输入,选取的段落总长度不超过模型最大限度地直接输入,对超过模型最大限度的段落将截取模型所能输入的最大长度作为模型的输入。这样既保留了与问题相关的信息又缩短了文本序列的长度。

使用Bi-GRU进行语义编码和双向注意力来实现对问题和文章之间的信息交互。采用这些方法能够使模型更好地提取文本语义特征也能融合问题和文章的信息。

模型总体架构是分层结构,第一层为段落抽取层,计算问题与段落的相关度,把相关度高的段落作为模型的输入。第二层为词嵌入层,使用Word2vec训练方法对文本向量化。第三层为编码层,采用Bi-GRU神经网络对文章和问题进行语义编码。第四层为交互层,利用双向注意力机制来实现问题与问题之间的交互。第五层为解析层,再使用Bi-GRU对上一层输出进行编码,这一层获取的是基于问题的上下文向量化表示,而在编码层是获取的独立于问题的上下文向量化表示。第六层为答案预测层,使用指针网络对答案开始位置和结束位置进行预测。

4.1.4 小结

本节主要介绍了多文档机器阅读理解提出的背景及任务描述,并说明了这项研究还有非常重要的现实意义,随后详细介绍了 DuReader 中提出的两种基线模型。随着 DuReader 数据集的提出,对机器阅读理解模型提出了更高的要求,分析了一般的机器阅读理解模型的不足,发现基于 DuReader 的机器阅读理解模型存在着输入序列长度过长、无关信息影响模型结果等问题,通过分析已有模型的不足,以及结合 DuReader 数据集的特点,提出了段落抽取、预训练词向量、使用双向注意力等解决方法,最后介绍了设计多文档机器阅读理解模型的大体架构框架。

4.2 实验与结果分析

4.2.1 实验数据

实验研究所采用的数据集是百度在 2018 年发布的中文最大数据集 DuReader。DuReader 数据集由一系列的 4 元组构成,每个 4 元组 $\{Q, t, D, A\}$ 就是一条样本。其中,Q 表示一个问题,t 表示问题的类型,D 表示相关文档集合,A 表示一系列答案(人工手动生成)。

其中,部分数据集见表 4.1。

表 4.1 部分数据集示例

Question	学士服颜色
Question Type	实体类型
Answer 1	[绿色,灰色,黄色,粉色];农学学士服绿色,理学学士服灰色,工学学士服黄色,管理学学士服灰色,法学学士服粉色,经济学学士服灰色
Document 1	农学学士服绿色,理学学士服灰色,……,确定为文、理、工、农、医、军事六大类,与此对应的饰边颜色为粉、灰、黄、绿、白、红 6 种颜色
……	……
Document 5	学士服是学士学位获得者在学位授予仪式上穿戴的表示学位的正式礼服,……,男女生都应着深色皮鞋

它相较于之前阅读理解数据集,主要有以下 3 个特点:

①数据来源更贴近实际。问题和文档均来自百度搜索和百度知道,而答案是人工手动

生成的,因此数据集更加切合真实场景。

②问题的类型较丰富。DuReader数据集的问题类型包括实体型(Entity)、描述型(Description)和是非型(Yes/No),其中,每种类型还分为事实性(Fact)和观点型(Opinion)。

③数据规模大。DuReader数据集共包含了20万个问题、100万个文档和超过42万个人类总结的答案。数据规模十分庞大。在DuReader数据集中,文档的平均长度为396个词,问题的平均长度为4.8个词,答案的平均长度为69.6个词,并且每个问题一般对应5个文档,每个文档平均有7个段落。

4.2.2　评价标准

在DuReader数据集中采用了BLEU-4和Rouge-L分数作为评价指标,BLEU-4是计算预测答案序列和数据集提供的答案序列之间共现的词数。

BLEU-4计算式为:

$$BLEU = BP \times \exp \left(\sum_{n}^{N} W_n \log P_n \right) \tag{4.1}$$

其中,BP为惩罚因子,如果预测序列大于目标序列BP,则取值为1,否则BP可以表示为$BP = e^{1-\frac{L_1}{L_2}}$,$L_1$表示目标序列的长度,$L_2$表示预测序列的长度。$P_n$分别是$P_1$,$P_2$,$P_3$,$P_4$,即N-Gram命中的分数。$W_n = 1/N$,其中,$N$取4。

Rouge-L是计算预测答案与标准答案的相同最大子串,计算式为:

$$R_{lcs} = \frac{LCS(X, Y)}{m} \tag{4.2}$$

$$P_{lcs} = \frac{LCS(X, Y)}{n} \tag{4.3}$$

$$F_{lcs} = \frac{(1 + \beta^2) R_{lcs} P_{lcs}}{R_{lcs} + \beta^2 P_{lcs}} \tag{4.4}$$

其中,LCS(X, Y)是X和Y的最长公共子序列的长度,考虑顺序。m, n分别表示参考答案和预测答案的长度(一般就是所含词的个数)。

4.2.3　实验验证与分析

因为实验所采用的数据集为DuReader数据集,数据规模庞大,具有二十几万条数据,在模型调试时运行时间过长,不利于参数调优。所以这里先使用数据集的一部分对模型进行测试,根据得到的结果进而对参数进行优化。此处先截取全部数据集的前5万条数据进行实验,通过变化融合层中Bi-GRU或者Bi-LSTM的层数对实验结果进行比较。以下是5万条数据所得的实验结果,见表4.2。

表4.2　5万条数据所得实验结果对比

	BLEU-4%	Rouge-L%
5万条数据融合层两层 Bi-GRU	27	31
5万条数据融合层一层 Bi-GRU	21	25
5万条数据融合层两层 Bi-LSTM	27	29
5万条数据融合层一层 Bi-LSTM	21	24

从表4.2中可以看出,实验结果并不高,这是因为模型较为复杂而所使用的数据量比较小。但是从表中也可以看到在融合层使用两层 Bi-GRU 或者 Bi-LSTM 比使用一层的效果要好很多,而且使用两者所得的结果相差无几,但是在训练时长上,使用 Bi-LSTM 的时间要比 Bi-GRU 长很多,所以这也印证了前文所述的模型效率问题。通过小规模数据的实验,我们确定了模型的具体参数,为以后用全部数据做实验提供了基础。

这里使用全部数据的实验运行在矩池云平台上,GPU 版本为 NVIDIA GeFore GTX 1080 Ti,内存为 32 G,编程语言 Python3.6,深度学习框架使用 TensorFlow1.5,使用词 Word2vec 作词向量为 300 维的词嵌入,并在训练过程中反向传播更新词向量,模型使用 Adam 优化器,学习率为 0.001,训练轮数 epoch 为 10。具体实验参数见表4.3。

表4.3　实验参数设置

实验参数	参数设置
词嵌入维度	300
GPU 隐藏层大小	150
batch_size	32
答案最大长度	200
文档最大长度	500
问题最大长度	60
Drop_out	0.7
learning_rate	0.001

通过大量的训练及参数调优,最终模型在 DuReader 数据集上取得了 BLEU-4 分数为 40.6%,Rouge-L 分数为 43.3% 的成绩,这说明这里所提出的模型具有可行性。而人类阅读理解的平均水平分别为 56.1% 和 57.4%,说明本模型与人类水平有一定的差距。

此外,使用 BiDAF 基线模型和 Match-LSTM 模型与本模型进行对比实验。实验对比结果见表4.4。

表4.4　实验对比结果

	BLEU-4%	Rouge-L%
match-LSTM(base-line)	34.5	38.6
BiDAF(base-line)	32.4	36.3
Ours model	40.6	43.3
Human	56.1	57.4

从表4.4中可以看出,这里所使用的方法得出的 BLEU-4 和 Rouge-L 分数分别比 Match-LSTM 模型提高了6.1和4.7个百分点,比 BiDAF(base-line)分别提高了8.2和7个百分点。

另外,还对模型的各个模块做了不同的实验,其中,包括对 Bi-GRU 的对比,使用 Bi-LSTM 进行实验对比。实验结果见表4.5。

表4.5　对比模型其他部分实验结果

	BLEU-4%	Rouge-L%
No word embedding	36.8	38.4
Bi-LSTM	39.8	42.6
Ours model(Bi-GRU)	40.6	43.3

从表4.5中可以看出,没有作词向量预训练的模型 BLEU-4 分数下降了3.8个百分点、Rouge-L 分数下降了4.9个百分点,下降幅度较大,使用 Bi-LSTM 的模型实验结果没有太大起伏,BLEU-4 和 Rouge-L 分数分别下降了0.8和0.7个百分点。

4.2.4　小结

本节通过对多文档机器阅读理解的问题分析,基于 DuReader 数据集提出了多文档机器阅读理解模型,分别采用段落抽取、词向量训练、Bi-GRU 编码、双向注意力机制以及指针网络等方法构建模型。利用段落抽取选取与问题相关度高的上下文信息,使模型更加专注于上下文中的重要信息,使用双向注意力交互问题与上下文之间的信息,使问题信息融入上下文信息中。并在最后的实验中比较了两种基线模型与本文模型的结果,实验结果显示本节使用的模型较基线模型有着不错的提升。

第2篇　知识图谱

第5章　知识图谱绪论

5.1　研究背景及意义

数控机床是指运用在工业生产中的数字控制机械技术设备,处于整个生产程序的关键环节。为了促进中国重大装备工业的产品升级和数控机床竞争力的提高,在2006年由国家印发的《国家中长期科学技术发展规划纲要》中就将"高档数控机床和基础制造技术"作为重大专项之一,并且在《中国制造2025》中将数控机床作为"加快突破的战略必争领域"[96]。目前,中国数控机床工业已经坚定地走着自主发展之路,战胜了各类障碍,快速提高了总体水平,我国机床的消费和生产总量均居于世界首位[97]。

近年来,智能制造的快速发展,对工业发展提出了更高的要求,同时数控机床设备的检修与诊断面临着更加严峻的挑战。实际上,数控机床在运作过程中会遇到各种故障,而且这些故障会使得整台机床无法安全、稳定地运行,从而降低运作效率,影响企业的发展效益。因此,企业更加注重对数控机床故障问题的解决,雇用一批专业维修队,增加了企业的生产成本[98]。

随着工业信息化的发展,在机械工厂中积累了大量的数控机床故障文本,这些文本中蕴含了丰富的机械知识,其中,记录了故障机器的机器号、故障部位、故障原因、故障持续时间、采取措施等。通过文本直接挖掘数控机床故障信息,很难加以分析和应用。知识图谱抽取文本中的信息,将知识点连接成网络,呈现故障记录全貌,有利于高效解决故障,节约企业生产成本。

知识图谱实际上是以图的形式描述现实世界的实体以及实体之间关系的知识库。知识图谱通过可视化技术,不仅可以充分描述知识资源和其载体,还可以直观地描述和分析知识与知识之间的联系[99]。目前,知识图谱已成功应用于智能问答[100-103]、语义搜索[104,105]、推荐系统[106]、文本理解[107,108]、实体消歧[109,110]、机器翻译[111]等多种场景。

随着大数据时代的到来,人们开始看到了知识图谱的优势,并将知识图谱应用在多个领域。知识图谱一般可被划分为开放领域和垂直领域知识图谱。开放领域知识图谱主要是处理常识类等问题,如Google知识图谱。该类知识图谱包含节点和关系较多,追求知识的广泛度。相对于开放领域知识图谱,垂直领域知识图谱更注重专业性知识,针对特定领域建立知识图谱,如搜狗知立方。本节所研究的数控机床故障知识图谱便是属于后者。

数控机床故障知识图谱(Knowledge Graph),利用先进的科学计算与可视化等技术手段的信息资源和载体,建立数控机床故障全领域科学知识图像,运用现代知识管理的最新前沿科学技术方法和理念,将大量历史实体数据转换为有价值的科学数据,发现实体案例相互之间的复杂关联关系,从而使实体知识点与关系关联化,帮助数控机床用户更加快速地找到其中的技术故障,对将来的设备与安全管理工作有一定的方向引导作用。科学知识图谱的建设还需要经过发现、研究、分析和揭示科学知识与信息相互之间的复杂交叉关联关系,使原始知识图谱库更加智慧。融合知识图谱与智能问答,可以利用知识图谱中实体相互之间产生的直接关联,进行挖掘实体推导出其中的关联关系。与传统互联网搜索引擎相比,利用知识图谱的数据搜索,可以传递简化编排后的数据结论,也可以利用人工智能语义解析,解析出更贴近实际应用需要的答案。

目前,互联网上有Freebase[112],DBpedia[113]等大规模知识图谱得到应用,用它们来构建问答系统,查询开放领域的问题也显得更加方便,但垂直领域方面的知识图谱问答系统构建相对较少,因此,垂直领域相关知识图谱问答系统的构建成了必要,数控机床故障领域知识图谱,通过构建数控机床故障知识图谱,在此基础上构建问答系统,有利于了解零部件的型号,以及数控机床用户在查找故障时具有一定的参考价值。

就目前的现状来说,基于数控机床故障方面的知识图谱问答系统(Question Answering over Knowledge Graph,KG-QA)[114]很少有人实现,如何更加准确地回答数控机床故障问题,帮助用户定位数控机床故障,以及提供必要的解决措施成为急需解决的问题。如何对数控机床数据进行知识图谱的构建,并在此基础上进行问答系统的研究是本节研究的重点,采用此方法来进一步解决故障诊断维修的问题。

现阶段,比较热门的知识图谱问答类型一般是传统语义分析和信息检索类方式。传统语义分析的做法是先把自然语言形态的问句转换成一个逻辑表述,如lambda表达式[115]等,而后再从知识图谱[116]中找寻答案。信息检索的主要方法是通过对用户自然语言问句中的特征信息提取,在知识图谱基础上提取相应的候选答案,从而获取问句和候选答案之间的相关特征信息,对候选回答进行排名,通常排名最靠前的候选答案会成为最后的回答。通过对数控机床故障诊断维修的数据来看,实体之间相对关系比较密切,而知识图谱中的三元组可以很好地表示它们之间的关系,因此,采用知识图谱方面的知识去构造问答是合适的,故而设计采用深度学习的方式,构建数控机床故障问答系统来解决相应的问题。

　　随着数控机床智能化的发展,以往数控机床用户在处理数控机床运行维护中所遇到的故障问题时,往往是通过日常处理数控机床故障的经验来解决的。如今可以依靠搜索引擎进行关键词检索得到包含关键词信息的网页链接,数控机床用户还需要进一步打开链接,浏览页面,找出所需的信息。如今搜索引擎的竞价排名机制,使用户通过搜索引擎搜索的内容并不是自己想要的结果,数控机床领域的故障问题是设计数控机床故障知识图谱的问题所在。数控机床故障知识图谱是一种新型的存储技术,它能够将数控机床故障数据上传至Neo4j图形数据库上,在该数据库中能够将数控机床数据更形象具体地展现出来,便于人们翻看,对设计基于知识图谱的数控机床故障问答系统打下了基础。

　　数控机床故障知识图谱问答系统是将人工智能与使用者之间的问答结合起来,通过人工智能与使用者的对话,来进行数控机床零部件故障的处理,通过数控机床故障问句实体识别得到问句中的实体,再将实体通过搜索的方式在知识图谱上进行搜索,找到对应的三元组,通过属性映射找到候选答案,再通过实体链接获得问题答案,进行返回给数控机床用户,获得问题的答案。基于数控机床故障知识图谱问答系统,以知识图谱库作为答案存储来源的问答系统,通过问句的数据或者语音的输入,能够更加快速地检索到问句所对应的答案,而不是回复一些文档,或者一串文字,对其进行人工方式的查找,定位问题的答案所在,数控机床故障知识图谱在解决数控机床故障诊断方面起到了关键作用,它使得数控机床用户更直观地观察到故障所在以及更好地找出零部件的故障,方便对数控机床故障问题的解决。

　　本节首先对数控机床故障领域进行知识建模,通过构建深度学习模型实现领域知识抽取任务,然后采用Neo4j图形数据库构建数控机床故障知识图谱,并提供该领域图谱的简单应用。构建的数控机床故障领域知识图谱能帮助使用者在大量故障信息中注意到关键知识单元,同时能进行相关信息查询,使得使用者可以正确合理地决策。领域知识图谱的可视化让使用者直观地了解故障信息,在遇到相似问题时提供借鉴。

5.2　研究现状

5.2.1　知识图谱研究现状

　　知识图谱是一种高效的知识表达方式。它的历程发展可以追溯到20世纪中期科学知识图谱的概念,总体发展历程可以划分为3个阶段。一是起源阶段(1955—1977年),在该阶段,普莱斯首次提出了科学知识图谱的概念,因为受限于时代,知识图谱概念并未引起大众的重视。二是发展阶段(1977—2012年),Douglas发明了Cyc[117]本体知识库,让知识图谱概念更加具体化;Berners-Lee提出语义网[118],而语义网可以通过语义自行判断的智能网络,从而建立了人与计算机之间的无障碍交流桥梁;随后Berners-Lee提出链接数据[119]的概念,数据不仅发布在语义网中,而且在数据之间搭建链接,从而建立一个庞大的链接数据网。三是繁荣阶段(2012年至今),谷歌在2012年提出的Google Knowledge Graph为知识图谱正名[120]。

目前,国内外针对开放知识图谱的研究与应用发展比较迅速,国外有Satori[121],Probase[122],NELL[123],DBPedia[124],YAGO[125],Freebase[126]等知识图谱。作为比较经典的开放领域知识图谱Knowledge Vault[127],目前,它的知识条目规模超过35亿条。在国内,2012年搜狗发布了国内搜索引擎行业中首家知识库搜索平台"知立方"。2012年底,百度也开发了自家平台"知心"。

随着世界经济发展与需求迸发,近年来,垂直领域的知识图谱也逐渐备受重视。作为典型的垂直领域知识图谱Geonames,它是一个全球性的地理数据库,所包含的知识单元已达到千万级别,并且它的知识单元较为详细,包含诸如地方的人口等信息。2017年,阿里巴巴对自身的商品认知知识图谱进行构建,但其数据并非源于各类群体,而是主要源自公司内部的结构化数据。

知识图谱的构建是指将收集的各类数据通过知识建模、知识抽取等任务,最终处理成知识单元联结的网络以对实体之间的关系进行表现,方便用户对知识单元与单元之间关系的把握,从而解决知识单元涉及的较复杂问题。

5.2.2 命名实体识别研究现状

在1996年召开的信息理解会议中,研究者们首次使用了命名实体这一术语。命名实体识别是指在给定非结构化文本识别中的特定实体,例如较为常见的人名、机关名、地名、时间、数量、币种、比例数值等信息。在自然语言处理领域中,命名实体识别被广泛应用在信息抽取、智能问答等应用领域,其研究价值巨大[128]。

命名实体识别最早采用人工构造规则模板的方法,也就是采用基于词典或规则的命名实体识别方法。该方法在特定语料上识别效果较优,但实体识别效果是建立在规则制订的数量基础上,存在代价大、移植性差且系统建设周期较长等不足。王宁等人[129]使用基于规则模板方法识别出中文金融新闻中的公司名称,发现在提取规则反映语言现象更精确时基于规则模板方法比基于统计方法更优。

随着机器学习的兴起,研究者们对命名实体识别的研究逐步投入了火热的机器学习阵营。Sari等人[130]通过隐马尔科夫模型(Hidden Markov Model, HMM)对圣训的传播者人名进行识别。Claeser等人[131]将支持向量机(Support Vector Machine, SVM)与基于规则的后处理结合的命名实体识别方法用于西班牙语与英语的转换系统中。Song等人[132]采用CRF模型分别进行基于词与基于字符的不同粒度实体识别。

深度学习成为主流后,研究者们开始使用深度学习模型进行实体识别。Gasmi等人[133]通过LSTM模型对网络在线资源的安全实体与关系进行识别,以较少的特征工程实现了具有竞争力的性能。与LSTM相比,BiLSTM更能从上下文中提取特征,Giorgi等人[134]采用了基于BiLSTM模型对生物医学命名实体进行识别,其效果更优于基于LSTM模型,逐渐成为主流模型。Peters等人发现在实体识别模型中引入预训练语言机制可以使词向量的特征表示能力得到进一步提升,从而实现更优的实体抽取效果。近年来,研究人员提出了各种预训练语言模型,例如,Word2vec[135],ELMO(Embeddings from Language Models),BERT等模型。田梓函等人[136]在中文实体识别任务中使用了BERT-CRF模型,相比主流模型,该模型实体识别效果较优,但学习特征程度尚浅。

5.2.3　实体关系抽取研究现状

通过命名实体识别任务后,获取了离散的命名实体。为了进一步提取语义信息,需要对实体之间的关系进行抽取,利用关系将离散实体相连,最终形成知识图谱。

实体关系抽取最早使用的方法就是基于模板方法,分别有基于规则和句法依存两大类,其准确率高,能够在规模较小的数据集上实现,但难以维护,可移植性差。因此,当机器学习崭露头角时,研究者们开始采用机器学习方法完成实体关系抽取任务。基于机器学习的方法较为常用的算法包含SVM算法和记忆学习(Memory Based Learning, MBL)[137]算法。深度学习的兴起与发展让关系抽取任务的处理方法更多样化。通常采用的深度学习方法是神经网络和注意力机制、强化学习等各种方法相结合的方法。实体关系抽取涉及知识图谱构建、智能问答系统等领域,具备广阔的应用前景,同时也是国内外的研究热点。

Liu等人[138]首次提出采用卷积神经网络(Convolutional Neural Networks, CNN)进行关系抽取任务,该模型引入了同义词的额外信息。该方法基于ACE2005数据集比核函数方法的F1值提升效果明显。但是该方法忽略了词的语义信息,而且CNN的结构比较简单,其结果易受噪声影响。Katiyar等人[139]先将注意力机制引入到关系抽取,能捕获全局关键依赖信息的特征。

彭博[140]在BiLSTM-CRF的基础上引入BERT预训练语言模型,有效地提取了文物信息资源中的实体关系对,在小样本文物信息数据集上的关系抽取实验中获得的 F1 值为 0.91。该方法即使相对文本序列中未标记的时间和位置关系也有着良好的发现效果,但其数据规模较小,实验所得结果可靠性较低。关系抽取的基础算法较为成熟,但仍然存在缺陷。

5.2.4 问答系统研究现状

以往数控机床用户在解决机床问题时,通常采取的方法是零部件故障问题的解决以及对其进行记录,解决问题相对耗时,且现代社会数控机床设备硬件构成很复杂,数控机床零部件及状态特征存在结构复杂、多维等特点,问题也变得丰富多样,单靠记忆以及记录相应问题数据的方法解决问题相对麻烦,如何通过在数控机床故障源位置为对象提供解决、存储服务等功能,为服务数控机床用户提供相应的最及时的计算服务,帮助它们快速解决问题,则是知识图谱问答系统的主要任务。

如今,互联网技术快速发展,人工智能获得了较为快速的长足进步,如何在互联网技术的支持下提高数控机床故障解决的效率,为数控机床运行的各种设备进行检测及保证它们的健康管理提供相应数据问题回答并做出保障。知识图谱在机床故障领域的应用有,赵倩在 2020 年对数控机床故障知识图谱的构建及应用[141],方便了数控设备故障查询,结构化的展示也便于数控机床用户的阅读,2019 年间,赵祥龙基于第三方云平台数据,进行车辆故障知识图谱构建[142],使其数据在知识图谱上结构化,方便对车辆故障问题检修时的查询操作,2019 年,刘鑫使用 protege 本体建模工具,构建故障分析知识图谱[143],更好地结构化故障领域的数据,便于分析,当今数控机床故障数据量相当庞大,但很多数据都没得到充分利用。因此,本节将利用内蒙古某机械厂历年故障数据作为数据集,构建知识图谱,为维修提供决策依据。

伴随着制造数控机床机器的生产模型发展进入了一个新的环境,李炆峰设计了基于边缘计算的嵌入式热误差补偿控制器[144],并在机床上对其热补偿装置进行了校验。刘启等人[145]在自编码卷积神经网络的基础上,将原始数控机床数据,通过适当的降维,降低到一定的长度。付振华等人则是利用改进的组合规则对数控机床故障数据进行适当的融合[146],实现了故障类型的简单判断。陆世民等人则是运用 TimescaleDB 数据库实现时序数据存储[147]。Prathima 建立了能够通过电子传感器采集数控机床生产[148],闲置时间长短以及报废实时数据模型,通过增强相关操作人员输入的一些数据,从而能够使得数据收集成为闭环。邹旺设计了通用型异构分布式数控机床物联网方案[149],进一步实现了数控机床车间层和数据库服务器层之间的大数据互动,当数控机床零部件发生故障时,有时机器本身会提供一些故障报错信息,将报警信号通过平台展示给使用者,但只能展示故障,对问题解决却没太大意义,例如,一些系统故障问题[150]。将有些故障列举如下,如 NC 模块、PLC 模块等电器性故障;如显示器故障、系统故障等相应的数控机床故障;等等。当维修工人对其进行修理时,就必须明确故障产生的原因以及知道怎样对其进行修理等。

从国内外的研究现状来看,对数控机床故障检测的有关科学技术研究成果,重点集中在以下 4 个方向:故障机制及故障模式研究[151]、检测诊断系统的继承与技术研究,以及检测诊断系统结构研究、智能检测方法研究。这几种模式各有各的优势,但同时也存在一定的问题。

如今,智能检测方法繁多,智能检测方法的研究重点主要在以下几个方面:故障树分析方法、决策方法和模糊理论的应用、单一功能的监测和检测方法研究、模式识别和 ANN 等训练类模型的应用及与其他方法的融合。对故障机制和故障模式的研究重点在以下几个方面:

①深入研究数控机床的具体原件。

②根据诊断对象的结构特点,结合故障的具体内容和现象以及相关领域专家的诊断经验,构建故障诊断系统的知识图谱。

③从整个系统制造流程出发分析,并根据多种原因的相互关系,最后形成相应的控制系统仿真模型,如有向图模型等。

针对具体的系统,马振林等人选用 PBR 和 CBR 相互结合的推理方法应用到故障诊断中,实现了卫星控制的专家系统[152]。张尧等人利用故障树和粗糙集建立知识获取模型,建立一套启发式推理系统[153]。李业顺等人利用知识发现和数据挖掘构建了电力设备故障诊断系统[154],解决了需要向领域专家和知识工程师直接获取知识的问题。王佳海等人以七层结构建立起知识结构,采用 SimRank 算法进行故障案例的检索[155]。李遇春等人选取数控机床加工工件质量的特征量提取规则实现智能故障诊断模型[156]。刘绪忠等人则是通过利用知识图谱技术,对故障数据库进行知识提炼、融合与转换[157],适当地提高了故障诊断的准确率,STransH[158],TransH[159],TransR[160],TransM[161]等人则是通过将相互关系与实体联系在不同的语义空间加以描述,并根据矩阵来进行实体与关系之间的映射。Distance Model[162]则是分别把头部与尾部实体反映在相应的关系向量空间里,用关系进行表示。Unstructured Model[163]建模中使其头部实体 head 与尾部实体 tail 尽可能地相似,Single Layer Model[164]模型为提高建模的表达能力,在 Distance Model 的基础上加入了单层神经网络。ComplEX 模型[165]对 DistMult 模式进行了延伸,可以更高效地实现在知识图谱三元组中一对多、多对多等这种复杂性关联下的表达能力。此外,PTransE[166]则是采用一个路线强化的知识图谱表达学习模型,这种模式采用强化实体之间的有效路径,路径只是一个显示推理,可以有效地提升模型的效果,文献[167]详细地阐述了目前知识表示学习研究的现状,JPA-CNN[168]以 TransE 为主要基础,融入位置信息和实体描述信息实现了对知识表示方法的了解,以上研究也都较为有效地提高了研究故障数据库,解决了一些故障诊断的效率及准确率。

然而,面对以上诸多研究方向,不同的研究方向会产生不同的解决措施,从哪个研究方向去更好地定位故障,依然是一个问题。在知识的表示和获取方面仍然不是特别成熟,由于存在较多种类的数控机床故障数据,间接导致了实际知识图谱库数据的庞大规模,所以正确地获取知识和诊断故障依然存在着一定的困难[169]。除此之外,故障处理缺乏自主学习的机制,好的解决故障的系统除了能够找出问题的所在之外,还能准确、有效地存储知识内容,所以这就需要系统具有一定的自主学习能力,这需要用到如今较为流行的深度学习方法,让人工智能去学习数控机床故障数据之间的相互关系,更加节省了人力成本。

目前来说,能够较为有效地展示数控机床零部件以及故障之间关系的则是知识图谱,因此,本节欲通过知识图谱构建问答系统,方便数控机床用户去查找相应数控机床零部件故障问题的答案,首先则是构建知识图谱,构建知识图谱主要有两个构建方式,即自顶向下和自底向上[170]。自顶向下的方式是先定义好所构建知识图谱的本体,然后再将实体加入到知识图谱。自底向上则是先提取实体,再将提取到的实体加入知识图谱,知识图谱已经在很多领域得到了发展,例如,医疗领域[171-172]、旅游领域[173]、领域知识管理[174]、宠物知识管理[175]、个人知识管理[176]等,都有了一定的发展,而且可以较为有效地找出对应领域的具体内容。因此,本节通过近年来较为流行的深度学习方法,以及知识图谱的应用来对数控机床故障进行检测和回复。

5.3 研究内容

本章主要针对数控机床故障知识图谱构建的关键技术进行研究,完成领域文本中实体的识别与实体关系的抽取,并将其存储在图数据库中,实现领域知识图谱的构建。主要研究工作包含3个部分,分别是:知识建模与数据的预处理、非结构化数控机床故障文本的知识抽取以及数控机床故障知识图谱构建并构建数控机床故障知识图谱问答系统模块。

①知识建模与数据的预处理。首先,结合机械知识,从整体入手对构建数控机床故障知识图谱进行建模分析,定义好实体与关系,然后基于知识建模对原始数据进行预处理工作。从某工厂获取数控机床故障文本,将获取的文本进行整理并划分为结构化数据与非结构化数据。对所获取的文本进行清洗与整理,保存成文档,作为实验的语料。

②非结构化数控机床故障文本的知识抽取,分为实体识别和实体关系抽取两个阶段。

在命名实体识别阶段,本章采用BERT-BiLSTM-CRF模型来识别数控机床故障文本中所包含的实体。在实体关系抽取阶段,本章采用BERT-BiGRU-Attention模型将数控机床故障文本中实体间的关联关系抽取出来,并将其保存为实体关系三元组,以便存入图数据库。

③数控机床故障知识图谱构建。基于前两个部分的处理,可以获取到展现数控机床故障非结构化文本中的实体关系三元组。将获取的实体关系三元组导入进Neo4j图数据库,与之前直接导入的结构化数控机床故障文本进行数据融合,构建了一个完整的数控机床故障知识图谱并且提供相关应用。数据融合后的知识图谱所囊括的内容较为完整,可以使用户对故障信息掌握更完备。

④对数控机床故障问题进行研究,通过在实体识别中加入预训练语言模型,注意力机制设计数控机床故障问句实体识别模型;并验证所设计的数控机床故障问句实体识别模型的准确率及效率。

⑤在数控机床故障属性映射阶段,首先在ALBERT二分类预训练语言模型的基础上加入字符串匹配的方式来判断加入字符串匹配对数控机床故障属性映射F1值的提升效果;以及在加入字符串匹配的基础上加入注意力机制来判断加入前后数控机床故障属性映射的F1值变化。

⑥在数控机床故障实体链接部分,通过数控机床故障属性映射虽然可以得出故障问题的答案,但为了进一步提高问答系统准确率,通过加入数控机床故障实体链接来判断加入前后准确率有无提高。构建数控机床故障知识图谱问答系统模块,通过对各模块模型的训练,得到训练所输出的结果。

第6章 知识图谱相关技术

知识图谱的实质是一个巨大的关系网络,其目标就是描述客观世界概念,以及实体事物及其间的相互关联,并对它们进行统一建模。知识图谱由节点和其对应边构成,是一个图的数据架构,各个节点所代表的都是其中一个"实物",连接"实物"的每条边称为"关系"或"属性",如图6.1所示。

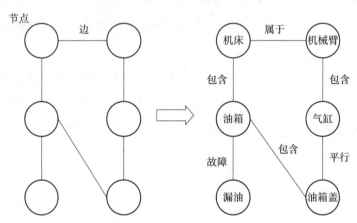

图6.1 知识图谱构成

在知识图谱中的各个节点之间是有联系的,它们通过相互关联的边(关系)连接在一起,从而形成结构化的表示,容易被人们理解和接受,也容易被机器所识别和处理。

知识图谱主要包括两大类,即开放式领域知识图谱和垂直式领域知识图谱。开放式领域知识图谱所面对的是普通领域,面向的主要使用者是所有的网络用户。开放式领域知识图谱主要由百度公司和谷歌公司之类的搜索引擎企业所建立,它的建立者通常采用的数据都是常识性的数据,所收录的内容主要有各种百科知识,它在意的是知识面的广度,并不在意特定知识面的深度;而垂直式领域知识图谱则恰恰相反,它强调的是面向特定领域或者行业,比如,数控机床故障知识图谱、医学领域知识图谱等。因此,它的数据主要源于特定的领域语料,它所强调的是深度并不是广度。垂直式领域知识图谱与开放式领域知识图谱之间并不是彼此完全独立的,双方之间存在着相辅相成的关系,一方面构建垂直式领域知识图谱时可以从开放式领域知识图谱中吸取部分常识知识,作为对垂直式领域知识图谱的补充;开放式领域知识图谱也能够吸收垂直式领域知识图谱中的知识点,并扩大其知识面。构建知识图谱的流程如图6.2所示。

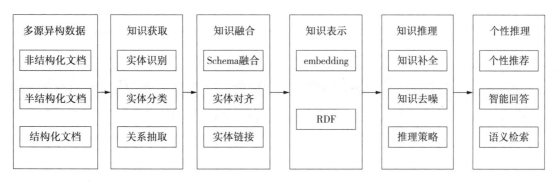

图6.2 构建知识图谱流程

构建完整的知识图谱包含的步骤一般是:确定自己使用哪些方面的数据,收集数据,对多源异构数据做一些基本的处理;从多源异构数据中进行知识获取,通常使用命名实体识别,属性抽取等方法对知识进行获取;当获取到知识后,需要将不同的知识之间做一定的融合,例如,当获取到实体"机械臂"和"Mechanical arm"数据时,Mechanical arm即机械臂的英文名,因此,需要将这两个实体做实体对齐操作;进行知识融合后,需要将它们进行存储,存储的目的是以后方便对三元组进行查询,以及三元组之间的知识推理应用,目前常用的是图形数据库进行存储,例如,Neo4j图形数据库来存储;有了知识图谱后,就可以使用知识图谱去做知识推理或应用。例如,利用特定领域的知识图谱做特定领域的问答系统,方便人们对该领域的查询操作,又比如,数控机床故障知识图谱,做数控机床故障方面的知识图谱问答系统,使用数控机床故障知识图谱问答系统能够方便数控机床使用者相关零部件故障的查询,或者对故障问题的定位,使得故障问题解决效率得到大幅提升。

6.1 知识建模

知识建模阶段为构建知识图谱奠定基础。在构建知识图谱前需要使用一些工具来对本体进行构建,而构建本体的过程就是一种知识建模。常用工具是protégé,该工具在构建本体时操作相对简单,可以直接对实体和关系进行设置。本体构建工程一般为人工实现,构建本体需要通过以下步骤:

①明确构建领域。确定基本问题,如本体针对的数控机床故障领域,从而描述故障相关

信息,解决故障类相关问题等。

②考虑现有本体的重用。对现有本体进行提炼,如针对数控机床故障领域,本体可以大致提炼并划分为故障、发生原因、采取措施等。

③列出本体中的重要术语。为了创建的本体不要偏离领域,整理好术语尤为重要,如部件、零件等。

④定义关系。针对该故障领域,主要包含的关系有故障-发生原因、发生原因-采取措施、部件-零件、部件-故障、零件-故障等。

⑤基于本体层创建实例。经过上述步骤,对本体层进行具体约束,从而创建符合要求的实例,如机械臂、油管、线圈等,最终构建实例之间的关系。

⑥给本体补充实例。为完善本体,需要给其补充一定的实例。数据库中已经存在一些单实体以及三元组数据,目前的主要任务就是从文本中抽取相关的数据来补充现有的知识图谱。

6.2　知识抽取

6.2.1　文本表示技术

文本表示实质上是将字词转换为向量或矩阵,使得计算机能够识别并进行相关操作。按照粒度分类,主要包含字级别、词级别与语句级别的文本表示。依据方法划分,文本表示可划分为离散表示和分布表示。常见的离散表示方式有:One-Hot编码、TF-IDF词袋模型等。分布式又称为词嵌入,常用方法包含Word2vec, Glove, FastText, BERT等。

One-Hot编码通过N位状态寄存器以表示N类状态,N位状态中仅有一位是1,其余为0。该方法帮助分类器处理离散数据,并且扩充了文本特征,但得到的特征是离散的,存在语义鸿沟与维度灾难等问题。

近年来,随着神经网络进一步发展而来的词嵌入方法由于向量降维、效率提升而得到广泛关注。Word2vec以无监督方法获取文本语料中的语义信息,并且在获取过程中生成了词向量。它的出现不仅缓解了One-Hot编码所带来的语义鸿沟和维度灾难问题,而且能有效解决One-Hot编码无语义问题。Word2vec主要包含两种模型,分别是CBOW和Skip-gram模型。其中,CBOW模型实质上是在已取得词的上下文前提下,对词进行预测;而Skip-gram模型则是在已取得词的前提下预测该词的上下文。这两个模型仍存在缺陷,它们所提取的特征不全,仅利用了局部信息,而且还存在一词多义问题。

2018年,BERT的诞生解决了Word2vec所产生的一词多义问题。它是一个多任务模型,包含遮盖语言模型和下一句预测。遮盖语言模型对文本中的部分词进行掩盖,通过模型判定遮盖词。具体流程是在输入的语句中随机掩盖15%的词,被遮盖词的80%通过[MASK]进行替代,10%用随机的词进行替代,剩下10%保留原样。下一句预测实际上是对两句间是否存在上下句的关系进行判定,通过随机替换部分句子来实现。BERT根据词的上下文进行特征提取,通过上下文信息的不同动态对词向量进行调整。BERT本质上是双向Transformer,能利用当前词的上下文进行特征提取。而Transformer是基于多头注意力机制,能并行提取输入的文本序列中各个词的特征,因此,BERT能提取到完整的上下文特征,即采用BERT预训练语言模型对字进行编码。

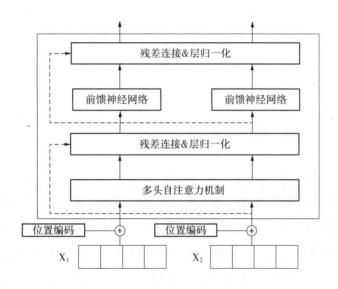

图6.3　Transformer编码单元

如图6.3所示,BERT模型由N个Transformer中的编码单元组成。该模型主要由多头自注意力机制与前馈神经网络两个子层构成;各子层通过连接与层归一化进行连接,从而使得模型训练收敛速度加快。

自注意力机制是Transformer编码单元中最重要的部分。输入序列先分别映射成查询向量矩阵Q、键向量矩阵K与值向量矩阵V,再通过自注意力层进行计算,其计算式为:

$$\text{Attention}\left(Q, K, V\right) = \text{softmax}\left(\frac{Q^{\text{T}}K}{\sqrt{d_{\text{k}}}}\right)V \tag{6.1}$$

其中,$\sqrt{d_{\text{k}}}$表示缩放因子,可以对点积进行缩放。

BERT模型采用多头自注意力机制进行并行计算,获取丰富的语义信息,对注意力模块的特征表示空间进行扩展并使得维度大大减少,其计算式分别为:

$$\text{MultiHead}\,(\boldsymbol{Q},\boldsymbol{K},\boldsymbol{V}) = \text{Concat}\,(\text{head}_1,\cdots,\text{head}_k)\,\boldsymbol{W}^0 \tag{6.2}$$

$$\text{head}_i = \text{Attention}\,(\boldsymbol{QW}_i^Q,\boldsymbol{KW}_i^K,\boldsymbol{VW}_i^V) \tag{6.3}$$

其中，$\boldsymbol{W}^0$表示附加权重矩阵。

此外，采用残差连接来对梯度消失难题进行缓解，采用层归一化以加快收敛速度，残差网络即将初始向量与经过多头自注意力层的向量值相加，层归一化通过式(6.4)进行计算。通过前馈神经网络进行一个非线性转换，如式(6.5)。

$$LN\,(x_i) = \alpha \times \frac{x_i - \mu_{\text{L}}}{\sqrt{\sigma_{\text{L}}^2 + \varepsilon}} + \beta \tag{6.4}$$

$$FFN = \max\,(0,x\boldsymbol{W}_1 + b_1)\,\boldsymbol{W}_2 + b_2 \tag{6.5}$$

其中，α,β为附加参数；μ,σ分别表示输入层的均值与标准差。

6.2.2　命名实体识别

近年来，命名实体识别逐渐成为自然语言处理领域内学者的研究热点之一，实体识别[177]一般情况下也被称为命名实体识别[178]（Named Entity Recognition，NER），

命名实体识别历经了以下3个发展阶段。

（1）基于规则模板方法

命名实体识别早期阶段，基于规则模板的识别方法被提出，对专家们根据不同领域所建立的规则系统较为依赖。该方法与实体库相结合，通过专家制订的每条规则进行权重赋值，最终根据实体和规则的一致性来判断类型。孙茂松等人[179]首次提出采用姓氏统计与用字概率来识别中文人名。实际上，基于规则模板的方法逻辑简单，易于实现；但对文字风格与特定语言的依赖性大，衍生范围较小，实现所有的语言现象全面覆盖较难，编制规则耗时长，错误易发，系统的可移植性差，而且领域专家对不同系统需要对规则进行重新书写。

（2）基于机器学习方法

随着计算机领域的发展，领域内逐渐使用基于特征的有监督方法进行命名实体识别任务，出现了HMM模型、SVM模型、最大熵（Maxmium Entropy, ME）模型、CRF模型等机器学习算法。

HMM模型是一个较为经典的统计模型，包含观察序列、隐藏序列两个序列以及初始状态概率矩阵、发射概率矩阵、状态转移概率矩阵3个矩阵。该模型本质上是依据模型要求，对概率矩阵进行统计，所得概率矩阵即可以反映识别结果。HMM模型训练耗时短，但由于模型过于简单，整体识别效果较差。CRF模型由Lafferty等人[180]在2001年提出，集合了HMM模型与ME模型的长处，其单元结构如图6.4所示。

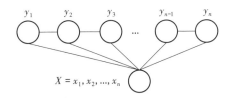

图6.4 CRF单元结构

其中，x_i 为文本中的第 i 个字符；y_i 为第 i 个字符的预测标签。相比 HMM 模型，CRF 模型使用更多特征，性能更优，但是特征选择在一定程度上影响了模型性能，而且 CRF 模型训练时间较长，模型也较为复杂。

（3）基于深度学习方法

命名实体识别基于深度学习的非线性特征，在输入到输出之间形成了非线性映射。相比前面两个方法，深度学习模型可以通过非线性激活函数学习大量数据中的复杂特征。不同于传统基于特征方法需要大量的领域知识，深度学习可以从输入文本中自发挖掘文本信息以及学习文本信息表示，而且这种自发学习结果往往更优。在深度学习方法中，通常使用循环神经网络模型来进行实体识别任务。

循环神经网络以文本序列为输入，根据序列演进方向进行递归且采用链式方法对全部节点进行连接的一种递归神经网络[181]。不同于 CNN，循环神经网络更加注意序列的先后顺序，用于语言处理更具优势。其改进模型 LSTM 的诞生解决了循环神经网络模型在自然语言处理过程中产生的梯度消失和梯度爆炸问题。

LSTM 模型由输入门、遗忘门、输出门构成，其中，输入门可以决定当前时刻网络输入能有多少保存到单元状态，遗忘门可以决定上一时刻的单元状态能有多少存入当前时刻单元状态，输出门可以控制当前时刻单元状态能有多少输出。GRU 模型包含更新门与重置门。更新门可以控制上一时刻的状态信息有多少能输入到当前单元状态，重置门能够控制上一单元状态有多少信息能被写入当前候选集中。

6.2.3 实体关系抽取

在传统的机器学习中，实体关系抽取方法对人工语料库的依赖较多，而深度学习的实体关系抽取方法能够通过对大量数据的训练实现学习模型的自动习得。深度学习技术历经多年发展并趋于完善，逐步被研究者用于实体关系抽取任务中。在深度学习领域中，现在大部分研究者从有监督和远程监督两个方面切入以研究领域内的关系抽取方法。

（1）有监督的关系抽取

有监督的深度学习的关系抽取方法可以组合底层特征，生成更为抽取的高层特征，能够用于找寻文本数据的分布式特征表达。该方法可以有效解决传统方法中存有的特征提取误差传播、人工特征选取这两个主要问题。有监督的关系抽取主要包含流水线学习和联合学习。

①流水线学习又称为管道机制。它在命名实体识别已经完成的基础上对实体之间的关系直接进行抽取。流水线学习原始方式,主要为卷积神经网络和循环神经网络。其中,卷积神经网络由于多样性卷积核特性更利于对目标结构特征进行学习,而神经循环网络能够对长距离词之间的依赖性进行充分考虑。2019年,Bai等人[182]提出了一种基于最小监督的关系提取方法,这种方法将结构化学习与学习表示的优点相结合,并且能对句子级关系进行准确判定,还能缓解训练过程中的标签噪声问题。Lin等人[183]研发出了一种自我训练框架,并且在这个框架内部搭建了具备多种语义异构嵌入的RNN。框架基于未标记的、标记的社交媒体文本数据集THYME进行关系抽取任务,其可扩展性与可移植性较好。在关系抽取过程中,引入注意力机制,能更好地注重词对实体关系抽取的作用,例如,Zhou等人[184]研发出了一种基于注意力机制的BiLSTM模型实现关系抽取,其效果优于当时大多数模型。

②联合学习,主要包含基于参数共享的方法、基于序列标注的方法和基于图结构的方法,它将实体识别与实体关系抽取融合成一个任务。基于参数共享的方法是对实体与关系抽取中的编码层在训练中的生成参数进行共用,训练整个模型取得全局最优参数。基于序列标注的方法实质上就是采用端到端的神经网络模型直接抽取出实体间的关系三元组。相对前两种方法,基于图结构的方法采用图神经网络进行关系抽取,可以缓解实体重叠、关系重叠的问题。

(2)远程监督学习方法

远程监督学习方法实际上是针对大量无标签的数据处理方式,极大地降低了对人工的依赖程度,能够自行抽取实体对,进而实现知识规模的扩大。该方法假设在现有知识库中两个实体间存有特定关系,那么这两个实体所关联的全部语句都将会用特定的方法对特定关系进行表现。Mintz等人[185]首次使用远程监督学习方法对实体关系进行抽取。通过远程监督方法所标注的数据对文本的特征进行学习,同时通过对齐Freebase知识图谱和新闻语料中的命名实体从而训练关系分类模型。但该方法也存在不足,主要是在文本语料的标注过程中可能带来的噪声数据以及特征抽取的误差传播等问题。

6.3　图形数据库理论与方法

6.3.1　图形数据库简介

数据库本质上是在数据结构的基础上组织、存储和管理数据的仓库。根据存储技术可以分为关系型数据库(Structure Query Language, SQL)和非关系型数据库(Not Only SQL, NoSQL)。通用的关系型数据库通过二维表形式来实现数据的存储,既便于理解又能保持数据的一致性,但随着大数据时代的到来,当关系型数据库查询海量数据间的复杂关系时,查询速度较慢且消耗了大量资源。因此,非关系型数据库逐渐成为学者的重点研究方向。

图形数据库是一种以图论为理论基础,以表示实体的节点和表示关系的边组成的图作为数据模型的新型非关系型数据库,其可扩展性与互操作性良好,可以对图数据实现高效的利用和分析[186]。它主要包含实体、关系和属性3种存储要素,其中,实体和关系是较重要的要素。图形数据库中通过关系连接存储的各个实体,形成巨大的实体关系网络,便于对实体和关系的增删改查。相比其他类型的数据库,图形数据库的灵活性更高,对复杂关系进行了简单的描述。

6.3.2　Neo4j图形数据库存储与查询

Neo4j是现在主流图形数据库之一[187],其他主流图形数据库有Virtuoso[188],ArangoDB[189],GraphDB[190],Titan[191],AllegroGraph[192]等。由于性能高、操作简便且使用稳定等优点,Neo4j被使用得较广泛,如图6.5所示。

☐ include secondary database models				36 systems in ranking, January 2022			
Rank			**DBMS**	**Database Model**	**Score**		
Jan 2022	Dec 2021	Jan 2021			Jan 2022	Dec 2021	Jan 2021
1.	1.	1.	Neo4j ➕	Graph	58.03	0.00	+4.25
2.	2.	2.	Microsoft Azure Cosmos DB ➕	Multi-model 🛈	40.04	+0.33	+7.07
3.	3.	↑7.	Virtuoso ➕	Multi-model 🛈	5.37	+0.31	+3.23
4.	4.	4.	ArangoDB ➕	Multi-model 🛈	4.73	-0.02	-0.56
5.	5.	↓3.	OrientDB	Multi-model 🛈	4.56	+0.16	-0.77
6.	6.	↑8.	GraphDB ➕	Multi-model 🛈	2.86	-0.02	+0.75
7.	7.	↓6.	Amazon Neptune	Multi-model 🛈	2.63	+0.07	+0.32
8.	8.	↓5.	JanusGraph	Graph	2.39	-0.02	-0.19
9.	9.	↑12.	TigerGraph ➕	Graph	2.02	+0.02	+0.62
10.	10.	↑11.	Stardog ➕	Multi-model 🛈	1.89	-0.04	+0.42
11.	11.	↓10.	Dgraph ➕	Graph	1.51	-0.07	-0.05
12.	12.	↓9.	Fauna	Multi-model 🛈	1.36	-0.04	-0.55
13.	13.	↑14.	Giraph	Graph	1.31	-0.03	+0.18
14.	14.	↓13.	AllegroGraph ➕	Multi-model 🛈	1.24	+0.02	+0.05
15.	15.	15.	Nebula Graph	Graph	1.14	0.00	+0.22

图6.5　图形数据库排名表

Neo4j相比于其他数据库,有以下4个显著特点。

①高可用性和高扩展性。Neo4j即使在应用变化的情况下也仅受到计算机硬件性能的影响,可以方便地移植到任意对象上,不会被业务所约束,具有高可用性。通过对Neo4j服务器的部署,可以容纳亿级节点与关系,如果单节点不能满足其数据需求,可以采用分布式集群方法,横向扩展能力较好。

②完整的ACID支持。ACID为数据库事务正确执行的4个基本要素。Neo4j确保了在同一事务中可以并行发生多个操作,而且它确保数据只有在事务中才能被更改,从而保证数据的一致性。

③图算法支持及图遍历式查询。Neo4j采用多种图算法,包括广度优先搜索、深度优先搜索、寻路算法和最小权重生成树等算法。Neo4j支持图遍历,可高效检索数据,可以达到每秒亿级的检索量。

④查询语言简单易学。Neo4j提供的查询语言Cypher可读性非常强,易于学习和理解。

与关系型数据库SQL语法类似,Neo4j提供了用于对本身的增加、删除、修改和查询操作的Cypher语言。作为一种声明式的图形数据库查询语言,Cypher表现力丰富,对图数据查询和更新更加高效,其主要子句有以下4种:

①CREATE子句:用于创建节点、节点间关系或属性。

②MATCH子句:用于对数据进行检索。

③DELETE子句:用于删除节点、节点间关系或属性。

④RETURN子句:实现查询结果的返回。

第7章 数控机床故障领域的命名实体识别

命名实体识别为数控机床故障知识图谱构建奠定基础,有助于后续所有工作的开展。对识别数控机床故障文本命名实体的问题,本章采用了BERT-BiLSTM-CRF模型并通过各项实验验证了该模型的有效性和可行性。

7.1 模型结构与流程

由于在命名实体识别任务中深度学习技术表现良好,本节依据数控机床故障文本的特征,采用了BERT输入的基于深度学习的命名实体识别方法。首先将预处理好的领域内语料作为BERT编码层的输入,并通过该层实现预训练,生成各自的特征向量表示。然后将生成的向量表示作为BiLSTM交互层的输入,提取上下文等特征,从而学习并取得深层次的隐藏特征。最后采用CRF推理层对数控机床故障文本进行序列标注,得到标签序列中概率最大的一组。整体模型主要包含BERT编码层、BiLSTM交互层和CRF推理层3个部分,如图7.1所示。

该方法的具体流程如下:

步骤1:对数控机床故障文本进行标注,获得字级别标注语料,对语料进行分割,构建算法的训练语料、验证语料和测试语料,并将获取的语料输入到BERT编码层。

步骤2:通过BERT编码层对语料中的数控机床故障文本进行字级别的向量化表示,获取文本的特征表达向量。

步骤3:将上一步骤输出的特征向量值作为BiLSTM交互层的输入,通过LSTM分别得到前向与后向状态值,拼接两个状态值取得最终隐藏状态表示 h。

步骤4:将输出的隐藏状态表示 h 作为CRF推理层的输入数据,通过转移矩阵与状态矩阵计算在不同标签下文本的概率,获取最高得分的标签序列。

步骤5:计算真实标注结果与上一步骤所得的标签序列之间的误差,通过误差函数计算出误差对每个模块中的神经元之间连接权值的影响,并对其修正。

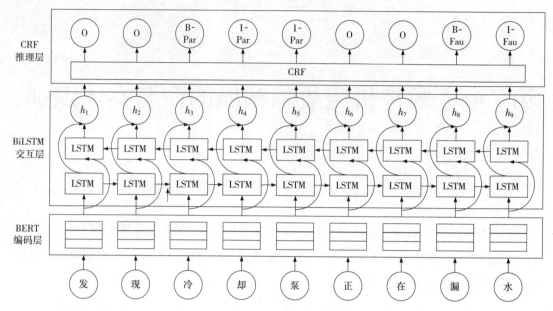

图7.1 BERT-BiLSTM-CRF模型结构

步骤6:通过上一步骤计算全局误差,对全局误差进行判断,若全局误差达到所要求的精度时则终止算法,未达到则进行下一步骤。

步骤7:对学习次数进行判断,当学习次数达到设定上限则终止算法,否则从提供的语料中选取其余的标注语料,从步骤2开始重复进行。

7.1.1 BERT编码层

BERT预训练语言模型,如图7.2所示。

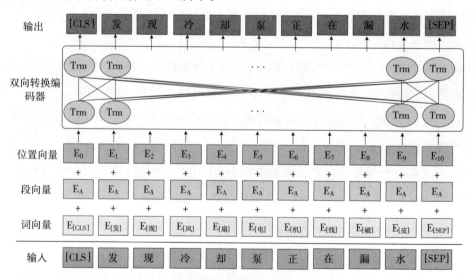

图7.2 BERT预训练语言模型

从图7.2中可以看出，BERT编码层中每个字符的输入由词向量、段向量和位置向量组成。词向量中的$E_{[CLS]}$表示句子的起始信息，用于处理分类问题；$E_{[SEP]}$标示两个句子的分割信息。段向量中E_A和E_B分别表示两个不同句子的段向量，若需要预测下一句时，就拼接两个句子。位置向量有利于对词向量位置信息进行标识。将3种向量进行相加并输入，取得BERT字向量。所采用的中文BERT模型参数见表7.1。

表7.1 中文BERT模型参数

参数	数值
Layer	12
Heads	12
Hidden	768
Parameters	110M

通过表7.1可得，最终得到字向量化后维数为768维。假设输入一个长度为K的句子，则句子$S = \{w_1, w_2, \cdots, w_K\}$，其中，$w_i$表示句中第$i$个字的编号，则分别得到$(1, K, 768)$维度的词向量、段向量和位置向量，将其按元素相加，便得到新的向量表示输入BERT以进行训练，最终得到文本的向量表示$X = \{x_1, x_2, \cdots, x_K\}$，其中，$x_i$表示句中第$i$个字。

7.1.2 BiLSTM交互层

LSTM包含输入门、遗忘门与输出门，其单元结构如图7.3所示。

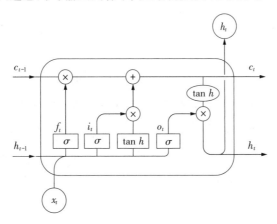

图7.3 LSTM单元结构

LSTM计算式分别为：

$$f_t = \sigma(\boldsymbol{W}_f \times [h_{t-1}, x_t] + b_f) \tag{7.1}$$

$$i_t = \sigma(\boldsymbol{W}_i \times [h_{t-1}, x_t] + b_i) \tag{7.2}$$

$$o_t = \sigma\left(\boldsymbol{W}_o \times \left[h_{t-1}, x_t\right] + b_o\right) \tag{7.3}$$

$$\tilde{c}_t = \tan h\left(\boldsymbol{W}_c \times \left[h_{t-1}, x_t\right] + b_c\right) \tag{7.4}$$

$$c_t = i_t \otimes \tilde{c}_t + f_t \otimes c_{t-1} \tag{7.5}$$

$$h_t = o_t \otimes \tan h\left(c_t\right) \tag{7.6}$$

其中，i_t 为输入门状态，f_t 为遗忘门状态，o_t 为输出门状态。σ 是 sigmoid 函数，$\otimes$ 表示点积运算，$\tan h$ 为正切激活函数。$\boldsymbol{W}$ 是权重矩阵，b 是偏置值。x_t 表示 t 时刻的输入值，c_t 为细胞单元状态，$\tilde{c}_t$ 为中间状态，h_t 为输出值。

采用 BiLSTM 模型可以对文本的上下文特征进行学习。前、后向 LSTM 可由输入 $x_1 \sim x_n$ 分别获取前向输出表示 $\vec{h}_1 \sim \vec{h}_n$ 与后向输出表示 $\overleftarrow{h}_n \sim \overleftarrow{h}_1$。该模型获取了各时刻的前、后向特征，并进行对应组合，最终得到双向特征表示，其计算式分别为：

$$\vec{h}_t = \text{LSTM}\left(\vec{h}_{t-1}, x_t\right) \tag{7.7}$$

$$\overleftarrow{h}_t = \text{LSTM}\left(\overleftarrow{h}_{t-1}, x_t\right) \tag{7.8}$$

$$h_t = \vec{h}_t \otimes \overleftarrow{h}_t \tag{7.9}$$

在命名实体识别任务中，BiLSTM 交互层可以对输入文本序列的上下文信息进行充分利用，从而更精准地判定要检测的词语是否为实体。BiLSTM 交互层将 BERT 编码层输出的字向量序列 X 作为各个时间步的输入，在 t 时刻，前向 LSTM 与后向 LSTM 分别从前后方向处理序列信息，然后将前后两个方向分别得到的 $\vec{h}_t$ 与 $\overleftarrow{h}_t$ 进行拼接，并将拼接后的向量 h_t 作为最终输出向量。

7.1.3 CRF 推理层

CRF 推理层的输入为 BiLSTM 交互层获取的上下文特征信息。在推理层训练过程中，模型学习到了可以表示所有标注状态之间组合的转移分数矩阵。这里有 B-Par, I-Par, B-Spa, I-Spa, B-Fau, I-Fau 和 O 共 7 种状态，因此，任意 2 个状态（包括自身与自身）之间的组合共有 49 种。实验中的转移分数矩阵的分数为 49 种组合分数，表示了所有组合的可能性。转移分数矩阵初始为随机矩阵，通过训练可以让机器知道哪些组合更加符合规则，从而为模型预测结果实现下面的约束：

①一个句子的首字预测标签前缀为 "B-" 或 "O"，而非 "I-"。

②某实体的预测标签为 "B-label1 I-label2 I-label3"，其中 label1, label2, label3 表示同一种实体，例如，"B-Fau I-Fau" 为正确的，而 "B-Fau I-Par" 为错误的。

③实体的首字预测标签前缀为 "B-"，而非 "I-"。例如，"油管" 的首字预测结果应为 "B-

Par", 而不是"I-Par"。

通过 CRF 推理层在预测过程中添加上述约束, 有效地避免了错误标签的出现, 从所有的可能标签序列空间中获取最优序列, 从而提高命名实体识别的整体效果。

文本语句 $X = (x_1, x_2, \cdots, x_n)$ 通过 BiLSTM 交互层可得到 Enp 分数矩阵, 其中, n 表示语句长度, p 表示标签种类数目。将 BiLSTM 交互层的输出值作为 CRF 模型的训练可以得两类特征矩阵, 分别是状态矩阵和转移矩阵, 其中, 状态矩阵的计算式(7.10)。最终输出预测的标签序列 $Y = (y_1, y_2, \cdots, y_n)$, 得计算式(7.11)。

$$E_{t,y_t} = W_s h_t + b_s \tag{7.10}$$

$$\text{Score}(X, Y) = \sum_{t=0}^{n} T_{y_i, y_{i+1}} + \sum_{t=1}^{n} E_{t,y_t} \tag{7.11}$$

其中, h_t 表示输入值, W 和 b 分别表示权重矩阵和偏置系数。T 为转移矩阵, $T_{a,b}$ 是标签 a 转移为 b 的概率矩阵。E_{t,y_t} 是文本序列中第 t 个字符对应的第 y_t 个标签的所得分数, 即状态矩阵。

为了归一化处理交互层取得的全部标签序列, 对文本 X 中各个可能的标记集合 Y_x 进行预测, 并采用 softmax 函数对概率进行计算, 其计算式为:

$$p(Y|X) = \frac{e^{Score(X,Y)}}{\sum\limits_{\tilde{Y} \in Y_x} \text{Score}(X, \tilde{Y})} \tag{7.12}$$

其中, $\tilde{Y}$ 是实际的标签序列。推理层的训练过程中通过最大似然估计法对概率进行估计, 采用的损失函数为:

$$\log(p(Y|X)) = \text{Score}(X, Y) - \log\left(\sum\limits_{\tilde{Y} \in Yx} e^{Score(X,\tilde{Y})}\right) \tag{7.13}$$

解码过程中, 输出所预测的标签序列中概率最大的一组, 即命名实体识别任务中的实体预测结果, 其计算式为:

$$y^* = \arg\max \text{Score}(X, \tilde{Y}) \tag{7.14}$$

7.2 实体类别设定及实体标注

由于数控机床故障属于机械领域, 在标注过程只凭借常识将遇到各类问题, 如"电机"的定义问题。因此, 需要进行建模分析, 使得命名实体规划化、实用化。针对结构化与非结构数据, 知识建模过程中构建了一套适用本章所研究领域的命名规范。

对结构化数据, 根据所提供的表格直接将实体分为机器号、故障、起因、解决措施、故障时间、最终状态 6 种。

对非结构化数据,参考一般机械故障领域实体划分,将实体划分为部件、零件、故障3种类型。一般需要深入了解数控机床故障领域,才能较好地区分三类实体。因此,本节对实体的具体定义作进一步阐述,见表7.2。

表7.2　数控机床故障领域内实体定义

实体类别	实体标签	定义	示例
部件	Par	形状相对较大,独立于设备,可单独发挥作用,由一个或多个物件构成的物体	油管、走刀箱
零件	Spa	形体相对较小,与其他零件组合发挥作用的物件	螺钉、密封圈
故障	Fau	导致数控机床难以正常运行的现象	漏油、接触不良

在实体定义的基础上,通过BIO标注方法来手动标注。其中,"B"为实体的开始位置,"I"为实体开始以外的位置,"O"为非实体的位置。因为命名实体位置标注的同时也需要对命名实体的种类进行标注,所以共有7种待标注的标签。待标注的标签诸如"B-标签""I-标签"与"O"形式,如"B-Par",见表7.3。

表7.3　实体标注示例

字符	发	现	冷	却	泵	正	在	漏	水
标签	O	O	B-Par	I-Par	I-Par	O	O	B-Fau	I-Fau

7.3　实验结果与分析

7.3.1　实验数据

本节实验数据集源自某机械工厂某年的数控机床故障维修记录。通过对数据集进行预处理,共取得语料10 148条,见表7.4。

表7.4　部分语料展示

序号	语料
1	检查发现冷却泵正在漏水,进一步检查发现冷却泵轴封脱落,分解冷却泵后,重新安装上轴封,恢复正常
2	加工X轴尺寸变化大,回转中心发现变化,判断X轴回零不准,检查并调整X轴尺头以及减速开关,恢复正常

依据7.2节的内容对实体进行标注,将以3∶1∶1的比例对准备好的语料进行划分,得到训练集、验证集、测试集分别有6 088条、2 029条和2 031条。数据集中存在不同实体,其数量见表7.5。

表7.5 数据集实体个数

实体类别	训练集	验证集	测试集
部件	15 064	5 407	5 604
零件	2 988	1 278	1 412
故障	6 216	2 590	2 057

7.3.2 实验设置

实验中的硬件环境配置见表7.6。

表7.6 硬件环境配置

实验环境	环境配置
操作系统	Linux
GPU	NVIDIA GeFore GTX 2080 TiGPU
CUDA版本	CUDA10.0
编程语言	Python3.7
深度学习框架	Tensorflow-gpu1.12.0

实验采用base版本BERT,以Adam为优化器,其他参数设置见表7.7。

表7.7 BERT-BiLSTM-CRF模型参数设置

参数	数值
BiLSTM隐藏层	128
训练次数	10
样本大小	16
学习率	0.000 01
dropout	0.5
clip	0.5

7.3.3　评价指标

采用准确率Precision，召回率Recall与F1值作为实体识别评价指标，其计算式分别为：

$$\text{Precision} = \frac{TP}{TP + FP} \times 100\% \tag{7.15}$$

$$\text{Recall} = \frac{TP}{TP + FN} \times 100\% \tag{7.16}$$

$$\text{F1} = \frac{2PR}{P + R} \times 100\% \tag{7.17}$$

其中，TP表示为判定的正确实体数目，FP表示为判定的无关实体数目，FN表示为未判定出的实体数目。

7.3.4　实验分析

为了验证本节所提出的BERT-BiLSTM-CRF模型优势以及模型内各层的必要性，分别进行两组命名实体识别实验，其主流模型实验组训练了40轮达到稳定状态，基于BERT的模型训练了10轮即趋于稳定状态，其结果见表7.8和表7.9。

表7.8　主流模型命名实体识别结果

模型	Precision/%	Recall/%	F1值/%
BiLSTM	82.08	73.15	77.36
BiLSTM-CRF	81.37	77.56	79.42
BiGRU-CRF	80.74	77.92	79.30

表7.9　基于BERT的模型命名体识别结果

模型	Precision/%	Recall/%	F1值/%
BERT-CRF	77.84	80.93	79.35
BERT-BiGRU-CRF	77.74	81.80	79.72
BERT-BiLSTM-CRF	79.99	83.22	81.57

1）移除CRF推理层的实验结果分析

为了验证BiLSTM-CRF模型比其他传统模型更有效，采用BiLSTM模型与BiLSTM-CRF模型进行实验。由表7.8可知，BiLSTM-CRF模型的召回率与F1值比BiLSTM模型分别约高

4.41%和2.06%。实验结果表明,添加CRF推理层可以提升命名实体识别效果。这进一步验证了推理层凭借标签间的关系对BiLSTM识别结果进行约束,降低了标签的错误率,对实体识别具有正向作用。

2)调换与移除BiLSTM交互层的实验结果分析

由表7.8与表7.9可知,BiLSTM-CRF模型在准确率与F1值上分别比BiGRU-CRF模型约高0.63%和0.12%;本节所提出的BERT-BiLSTM-CRF模型在准确率、召回率和F1值上分别比BERT-BiGRU-CRF模型约高2.25%,1.42%和1.85%;本节所提出的模型在准确率、召回率和F1值上比BERT-CRF模型约高2.15%,2.29%和2.22%。移除交互层的模型比BiLSTM-CRF模型识别效果差。综合分析可得,BiLSTM交互层学习上下文特征能力较强,对实体识别效果具有极大的提升作用。

3)移除BERT编码层的实验结果分析

由表7.8与表7.9可知,本节所提出的模型在召回率与F1值上比BiLSTM-CRF模型约高5.66%和2.15%。结果表明用BERT进行编码可以提高文本序列的特征表达能力,减少语义分歧问题,有助于提升实体识别的效果。

4)不同实体对比分析

从图7.4中可以看出,本节所提出模型的实体部件(Par)在F1值上比实体零件(Spa)与实体故障(Fau)分别约高9.69%和17.12%,并且Par的准确率与召回率远高于其他两者,其原因

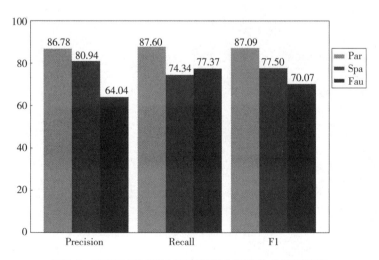

图7.4　BERT-BiLSTM-CRF模型全部实体的识别结果

在Par类别的训练样本远多于其他两种,有助于模型学习Par的实体特征,提升整体的识别效果。实验结果表明Fau的识别效果最差,准确率仅有64.04%,不仅因为Fau可供训练样本较少,而且Fau语料存在语义分歧、口语化程度高、缩写词等各种干扰,因此,最少训练样本的Spa实体比Fau实体识别效果更好。

综合上述实验结果可得,本节所研发的BERT-BiLSTM-CRF模型对比其他模型更具优势并且各个模块在该模型中具有必要性,从整体上看,该模型对各实体的识别效果较好,更加验证了该模型所具有的优势。

7.4 小结

本章采用BERT-BiLSTM-CRF模型对数控机床故障文本进行命名实体识别工作。首先介绍了所采用的实体识别模型的结构与流程;然后简单地说明了数控机床故障数据及其整理过程,并且对实体类别进行设定与标注;最终采用实验结果来验证所采用模型的有效性和性能并依据评价指标来分析模型的整体性能。

通过以 BiLSTM 模型、BiLSTM-CRF 模型、BiGRU-CRF 模型为一组进行领域内的实体识别任务,验证了 BiLSTM-CRF 模型的性能与 BiLSTM-CRF 在实体识别上具有正向作用。以BERT-CRF 模型、BERT-BiGRU-CRF 模型和本章模型为一组对进行命名实体识别任务,验证了所研发模型的性能与 BERT 预训练语言模型对实体识别效果具有提升作用。同时,本章对所采用的模型在各个实体识别的效果中进行展示,依据识别结果可验证该模型所具有的优势。

第8章 数控机床故障领域的实体关系抽取

实体关系抽取基于命名实体识别工作上,对语句中实体间的语义关系进行抽取,在垂直领域中,关系抽取任务经常使用有监督学习方法,此方法容易导致误差传播问题,并且丢失关键信息,影响关系抽取性能。本章与数控机床故障数据集的特征相结合,采用了一种BERT-BiGRU-Attention的数控机床故障领域的实体关系抽取模型并通过实验来验证所采用模型的有效性。

8.1 模型结构与流程

关系抽取模块的功能是判定实体与实体之间的关系。Zhou在论文中采用BiLSTM-Attention方式对实体间的关系识别方法,首先使用BERT预训练语言模型提取文本特征,利用BiGRU模型学习上下文之间的关系,提取文本深层次特征,然后通过注意力机制提高有重要影响力的词的权重系数,通过softmax函数实现关系抽取。模型结构如图8.1所示,包含输入层、嵌入层、BiGRU层、注意力层及输出层。

关系抽取方法的具体流程如下:

步骤1:将数控机床故障文本标注好的实体关系语料进行切割,构建实验需要的训练语料、验证语料和测试语料,并将整理好的语料作为输入数据。

步骤2:通过嵌入层将获取语料转化为词向量输入到BiGRU层。

步骤3:通过BiGRU层的双层GRU对学习词的前后文信息进行学习,获得拼接好的整体信息的特征向量,并将其输入到注意力层。

步骤4:注意力层以BiGRU层输出结果作为输入,对每个词向量应分配的概率权重进行计算,得到所分配的不同概率权重和各个隐藏层状态值的乘积的累加和。即可以表示每个字符对关系抽取的重要程度,提升模型的准确性。

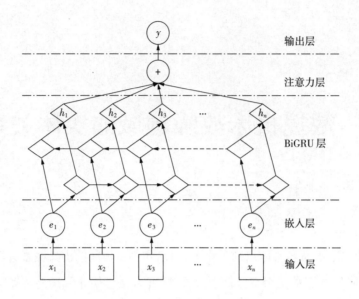

图8.1　实体关系抽取模型

步骤5:将注意力层的输出结果输入到输出层。输出层利用softmax函数预测其关系类别。

步骤6:计算输出层结果与真实结果之间的误差,从而计算全局误差。

步骤7:若全局误差达到所需精度则终止算法,若未达到则进入下一步。

步骤8:判断学习次数是否达到设定上限,若达到则终止算法,若未达到则从步骤2开始重复进行。

8.1.1　嵌入层

通过数据预处理,将整理好的语料作为嵌入层的输入。这里以BERT预训练语言模型作为嵌入层,将输入文本序列的词向量、段向量、位置向量相加并输入到嵌入层,通过BERT模型进行训练,可以获得输入语料的更全面更深层次的特征向量表示。采用中文BERT预训练模型具有12层、12个注意力指针头、768个隐藏层,参考表7.1。

8.1.2　BiGRU层

用BiGRU模型对嵌入层输出的文本特征表示进行训练。将特征向量输入到前向GRU层和后向GRU层,得到当前词的上下文特征表示向量,然后将两个向量进行拼接操作,最终得到向量h。GRU单元结构如图8.2所示。

GRU是循环神经网络中的一种。不同于LSTM,GRU具有更简单的结构与更少的参数,将遗忘门和输入门合并为更新门,并且混合了细胞单元状态和隐藏状态。

GRU计算式为：

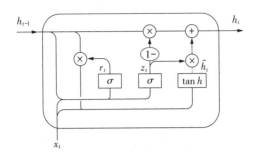

图8.2　GRU单元结构

$$z_t = \sigma\left(\boldsymbol{W}_z x_t + \boldsymbol{U}_z h_{t-1}\right) \tag{8.1}$$

$$r_t = \sigma\left(\boldsymbol{W}_r x_t + \boldsymbol{U}_r h_{t-1}\right) \tag{8.2}$$

$$\tilde{h}_t = \tan h\left(\boldsymbol{W} x_t + \boldsymbol{U}\left(r_t \odot h_{t-1}\right)\right) \tag{8.3}$$

$$h_t = \left(1 - z_t\right) \odot h_{t-1} + z_t \odot \tilde{h}_t \tag{8.4}$$

其中，z_t是更新门状态，r_t是重置门状态，σ是 sigmoid 激活函数，$\boldsymbol{W}$ 和 $\boldsymbol{U}$ 均为权重参数，$\odot$ 表示 Hadamard乘积，h_{t-1}是上一时刻隐藏状态，h_t表示输出。

在关系抽取任务中，BiGRU层以嵌入层的输出结果作为输入，它可以充分学习输入文本序列的上下文信息，从而更加精确地判断实体间的关系。BiGRU层以嵌入层输出的特征向量表示作为其各个时间步的输入，在t时刻，前向GRU与后向GRU从前后两个方向处理序列信息，接着拼接两个方向分别所取得的$\vec{h}_t$与$\overleftarrow{h}_t$，然后将拼接所得向量h_t作为输出向量。

8.1.3　注意力层

为了突出不同词对关系分类的重要程度，引入注意力层。注意力层可以对每个词向量应分配的概率权重进行计算，其计算式为：

$$u_{it} = \tan h\left(w_w h_{it} + b_w\right) \tag{8.5}$$

$$\alpha_{it} = \frac{\exp\left(u_{it}^T u_w\right)}{\sum_t \exp\left(u_{it}^T u_w\right)} \tag{8.6}$$

其中，h_{it}表示第t个时刻输入的第i个字符上一层经过BiGRU神经网络层激活处理的输出向量，w_w表示权重系数，b_w表示偏置系数，u_w表示初始化的注意力矩阵，$\tan h$表示激活函数。

由注意力层分配的不同概率权重与各个隐层状态的乘积的累加和得到句子向量，其计算式为：

$$s = \sum_{i=1}^n \alpha_{it} h_{it} \tag{8.7}$$

最终通过输出层的 softmax 函数预测关系类别,其计算式为:

$$y = \text{softmax}\left(w_f s + b_f\right) \tag{8.8}$$

其中,w_f 为权重系数;b_f 为偏置系数;y 为预测的分类标签。

8.2 关系类别设定及关系标注

为了保障实验结果的准确率,本节使用第 7 章中已经标注好的实体识别语料。利用程序对语料中的实体对与去除实体的对应语句进行提取,手动提取实体间存在关系的数据条并且标注其关系。在关系标注前,需要先定义实体间的关系。

针对结构化数据,可划分为以下 5 种实体关系,通过三元组〈实体1,实体2,关系〉对实体之间关系进行直观表达。故障与机器号之间的关系,可以用"机器号"来表示,例如,三元组〈漏油,机器号,100〉;故障与起因之间的关系,可以用"起因"来表示,例如,三元组〈换刀故障,起因,老化〉;故障与采取措施之间的关系,可以用"解决措施"来表示,例如,三元组〈加工尺寸不符,解决措施,检查机床参数并调整参数〉;故障与故障时间之间的关系,可以用"故障时间"来表示,例如,三元组〈加工尺寸不符,故障时间,1〉;故障与最终状态之间的关系,可以用"状态"来表示,例如,三元组〈加工尺寸不符,状态,正常〉。

针对非结构化数据,可以划分为包括、包含、存在、存有 4 种实体关系,其中,包括为部件与部件的关系,包含为部件与零件间的关系,存在为部件与故障间的关系,存有为零件与故障间的关系,见表 8.1。

表8.1　非结构化实体关系定义

实体对	关系标签	示例	示例实体对	三元组表示
部件、部件	包括	X轴光栅尺断线	X轴、光栅尺	〈X轴,包括,光栅尺〉
部件、零件	包含	X轴光栅尺断线	光栅尺、线	〈光栅尺,包含,线〉
部件、故障	存在	机械手漏油	机械手、漏油	〈机械手,存在,漏油〉
零件、故障	存有	X轴光栅尺断线	线、断	〈线,存有,断〉

8.3 实验结果与分析

8.3.1 实验数据

实验数据采用某机械工厂的数控机床故障文本,通过对文本进行去重和整理工作,最终得到实验所需的共14 190条有效数据。最终的语料数据由对应关系序号、实体对、去除相应实体的语句构成。根据8.2节内容对实体间的关系依次进行标注，训练集与测试集按照5∶1的比例来对每种目标关系所包含的文本数目进行分配，见表8.2。

表8.2　关系类型数量表

关系类型	数量
包括	3 334
包含	2 013
存在	6 673
存有	2 170

8.3.2　实验设置

实验过程中使用的实验环境参考7.3.2节中的表7.6。实体关系抽取的超参数设置，见表8.3。

表8.3　BERT-BiGRU-Attention模型超参数设置

参数	数值
BiLSTM隐藏层	128
训练次数	20
样本大小	16
学习率	0.001
clip	0.5

8.3.3　评价指标

实体关系抽取实验采用准确率Precision，召回率Recall与综合指标F1值来对实体间关系抽取性能进行衡量，计算参考7.3.3节中的式(7.15)至式(7.17)，其中，TP表示预测的正确实体之间的关系数量，FP表示预测的无关实体之间的关系数量，FN表示未预测的实体之间的关系数量。

8.3.4　实验分析

为了验证本章所提出模型的优越性，在同一个数据集下，对BERT-Attention模型、BERT-

BiLSTM-Attention模型与BERT-BiGRU-Attention模型进行了20轮实验,实验结果趋于稳定,见表8.4。

表8.4　基于BERT的模型关系抽取结果

模型	Precision/%	Recall/%	F1值/%
BERT-Attention	89.52	89.63	89.57
BERT-BiLSTM-Attention	91.10	90.98	91.04
BERT-BiGRU-Attention	92.07	91.97	92.02

实验结果表明,BERT-BiLSTM-Attention模型比BERT-Attention模型在准确率、召回率、F1值上分别提高了1.58%,1.35%和1.47%,而BERT-BiGRU-Attention模型相比于BERT-BiLSTM-Attention模型在准确率、召回值、F1值上分别提高了0.97%,0.99%和0.98%。

同时本节还统计了BERT-Attention模型、BERT-BiLSTM-Attention模型及BERT-BiGRU-Attention模型对故障文本关系抽取的效果,各个关系类别抽取的F1值比较见表8.5。

表8.5　模型在各个关系类别的F1值对比

关系类别	BERT-Attention/%	BERT-BiLSTM-Attention/%	BERT-BiGRU-Attention/%
包括	88.02	88.89	89.88
包含	78.83	83.84	85.53
存在	94.85	95.24	96.03
存有	82.46	85.29	86.32

从表8.5可以看出,3种模型在包含、存有关系抽取中的F1值偏低,主要原因是包含、存有关系的提供训练的文本数据偏少,从而导致3种模型难以学习到许多相关的语义表示。3种模型在存在关系中的F1值最高,这是因为存在关系所提供的训练文本数据最多。这里的模型在所有的关系类别抽取中效果均优于其他模型,特别是在包含关系上其F1值相比BERT-Attention模型与BERT-BiLSTM-Attention模型分别提高了6.7%和1.69%,这说明本节所采用的模型在数据量少的情况下关系抽取效果依然较好,受数据不均衡性影响小。

从整体来看,本节所采用的模型对各个类型关系抽取的F1值要高于其他两个模型,进一步验证了模型在进行数控机床故障关系抽取任务时的效果最优。

8.4　小结

本章主要介绍了一种基于BERT-BiGRU-Attention模型应用于数控机床故障文本实体关系抽取的方法,并且这种方法取得了较好的实验结果。本章首先介绍了所提出模型的整体结构,然后对关系类别的设定与标注进行阐述,对其标注后的语料进行分割以供后续实验。最终通过实验得出关系抽取的结果,对结果进行对比分析,验证了本章所提出的模型在数控机床故障领域中关系抽取的良好效果。

第9章 数控机床故障知识图谱的构建与应用

在第7章中讲述了数控机床故障知识图谱中命名实体的识别工作,在第8章中阐述了相关实体间的关系抽取工作,通过前面两章的基础学习,获得了知识图谱构建所需的数据。本章主要讲述数控机床故障知识图谱的构建与应用。

9.1 总体构建流程

数控机床故障知识图谱构建流程如图9.1所示,主要分为知识建模、数据预处理、知识抽取及知识存储4个部分,其中,知识抽取又分为实体识别和关系抽取。本节首先通过对数据进行知识建模;然后对文本语料进行清洗与整理,并且标注好数据;使用BERT-BiLSTM-CRF模型和BERT-BiGRU-Attention模型分别进行命名实体识别与实体关系抽取,从而完成知识抽取;通过余弦相似度将结构化和非结构化数据进行融合,同时导入Neo4j存储并展示。

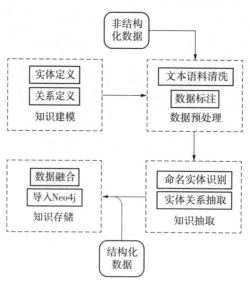

图9.1 知识图谱构建流程

9.2　知识建模技术

知识建模实际上是给接下来的命名实体识别与关系抽取工作提供了一个概念上的支撑,本文的知识建模过程主要是对领域知识图谱内的实体与关系进行定义和描述。结合机械知识理论与采集的文本语料的实际情况,本节针对结构化文本划分了5种实体,对非结构化文本划分了3种实体,实体的详细定义已在7.2节中说明。同时,本章还针对整体文档共归纳出9种关系,其中,结构化文本的关系与实体名共用,非结构化文本包含存在、存有、包括、包含4种关系,具体定义已在8.2节中说明。为了更清晰明了地展示实体与关系,本章对数控机床故障知识图谱数据模式图进行了展示。

通过protégé本体描述工具进行知识建模工作,如图9.2所示,其中,圆圈指代类、菱形代表实体、实线代表包含关系、虚线代表自定义的关联关系。箭头指向方为客体、发出指向方为主体,如部件指向故障,即部件为主体、故障为客体,若想要详细的关系,可以打开protégé软件,将光标放到所需的关系实线或关系虚线上即可。

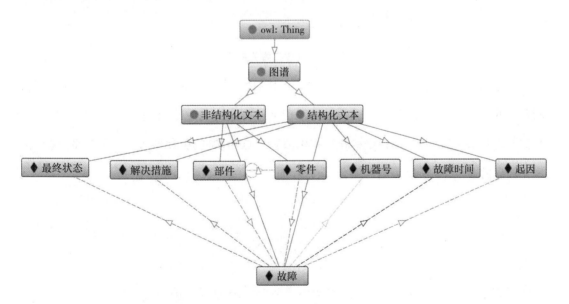

图9.2　数控机床故障知识图谱数据模式图

9.3　知识存储与展示

本节依据开源的代码将知识图谱导入Neo4j图形数据库,从而进行存储与展示,其具体步骤如下:

①整理数据。将数据格式转换为JSON格式,导入开源代码。

②运行代码。如图9.3所示,首先通过图中的语句连接Neo4j平台。实体节点创建语句如图9.4所示。

```
self.g = Graph(
    host="127.0.0.1",    # neo4j 搭载服务器的ip地址
    http_port=7474,      # neo4j 服务器监听的端口号
    user="neo4j",        # 数据库user name
    password="123456")   # 密码
```

图9.3　连接Neo4j平台语句

```
node = Node(label, name=node_name)
self.g.create(node)
```

图9.4　创建实体节点语句

采用如图9.5所示的语句对实体间的关系进行创建。

```
query = "match(p:%s),(q:%s) where p.name='%s'and q.name='%s' create (p)-[rel:%s{name:'%s'}]->(q)" % (
    start_node, end_node, p, q, rel_type, rel_name)
```

图9.5　创建实体关系语句

在导入非结构化数据时,进行数据融合工作,由于仅有故障节点能进行合并,所以先判断导入的节点是否为故障节点,若为故障节点则遍历结构化数据,通过余弦相似度判断是否与该节点相似。若相似,则以结构化数据的故障节点为基准,将预导入节点的关系连接到结构化数据的节点,即实现了数据融合,余弦相似度为:

$$\cos\theta = \frac{\sum_{i=1}^{n}(A_i \times B_i)}{\sqrt{\sum_{i=1}^{n}(A_i)^2} \times \sqrt{\sum_{i=1}^{n}(B_i)^2}} = \frac{A \cdot B}{|A| \times |B|} \tag{9.1}$$

其中,A表示文本序列$[A_1, A_2, \cdots, A_n]$,B表示文本序列$[B_1, B_2, \cdots, B_n]$。

数控机床故障文本数量多且可视化展示空间有限,因此进行局部展示,如图9.6所示。

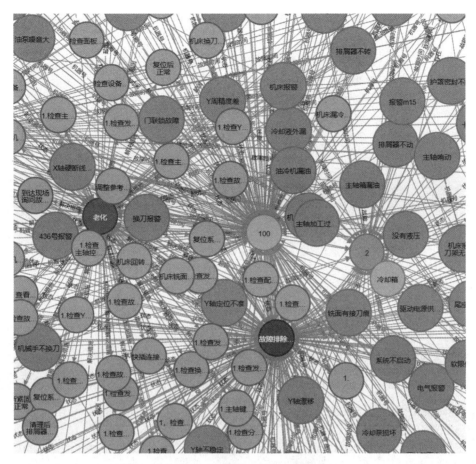

图9.6 知识图谱局部展示

如图9.6所示,浅蓝色为故障节点,深蓝色为状态节点,浅橙色为机器号节点,深橙色为部件节点,红色为起因节点,粉色为解决措施节点,绿色为故障时间节点,且故障时间节点的单位为分钟,浅棕色为零件节点。

9.4 相关应用

知识图谱可应用于智能搜索、智能推理、推荐问答等领域。本节基于已构建的领域知识图谱上提供的知识服务,通过Cypher语言和相关操作对故障信息进行拓展查询,让用户能更直观地掌握数控机床故障相关信息,从而准确高效地定位故障,及时排除故障,同时能对潜在故障进行预防,从而提高了数控机床设备的运作效率。

(1)对某实体的关联实体进行查找

以"机械手"为例,使用"MATCH({name:'机械手'})--(Par)RETURN Par. name"语句可以查询到机械手关联的部件、零件、故障节点的相关信息,掌握所查询节点的关联信息,如图

9.7所示。

$ MATCH({name:'机械手'})—(Par)RETURN Par.name

Par.name
"伸缩位置检测开关"
"换刀限位块"
"原位信号没有"
"密封原件"
"位移"
"下滑"
"位置不良 信号不对"
"到位检测开关"
"旋转感应开关"

Started streaming 28 records after 1 ms and completed after 2 ms.

图9.7 "机械手"的关联节点

（2）对某实体相关联的关系进行查询

如图9.8所示，通过"MATCH n=({ name:'机械手' })-[r]->()RETURN n limit 25"语句可以查询到机械手相关的实体及其关系。

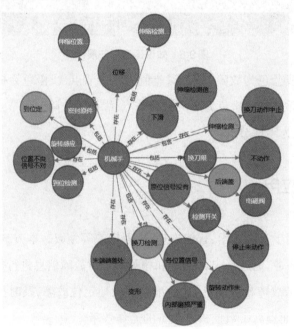

图9.8 "机械手"的关联关系

当用户想查找某个故障，如"漏油"，可以通过"MATCH n=({name：'漏油'})-[r]->( )RETURN n limit 25"语句进行查询，如图9.9所示。

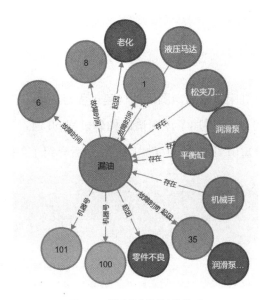

图9.9 "漏油"的关联关系

从图9.9中用户可以得出漏油的机器号、故障时间、起因与部件。其中,故障时间是以分钟为单位。实际上,生产过程中,用户需要更多诸如解决措施等信息。而Cypher语言直接对多深度关系节点进行查询,不仅查询出的结果冗杂,而且其相关查询语言极为复杂,对此,本节提倡用另一种方法。假设用户了解到"漏油"的真实原因是"老化",可以点击"老化"节点,然后点击图9.10中"老化"节点圆环的下三角部分,则可以显示所有的解决措施与可能出现的关联故障。

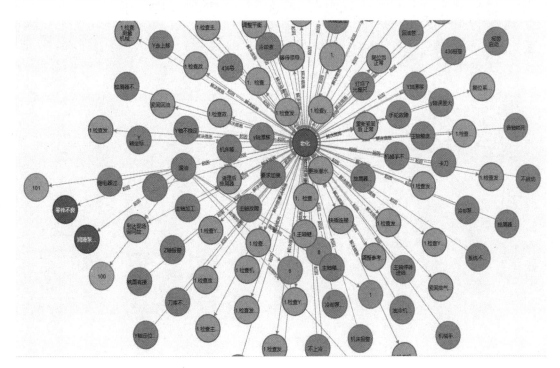

图9.10 "老化"的关联关系

9.5 小结

本章主要阐述了数控机床故障知识图谱的构建过程与应用。首先阐释了数控机床故障知识图谱的总体构建流程,然后讲述了该图谱的构建过程,并通过Neo4j平台使用Cypher语言对完整的数控机床故障知识图谱进行存储与展示,最后介绍了该图谱的简单应用。

第10章　基于知识图谱的数控机床故障问答系统研究

10.1　模型构建与流程

前面章节详细介绍了构建知识图谱问答系统需要的理论基础,本章将构建一个基于知识图谱的数控机床故障问答系统模型,该模型主要由3个子任务来进行实现,这3个子任务是:数控机床故障问句实体识别、数控机床故障属性映射和数控机床故障实体链接。

10.1.1　问答系统总体框架图

在构建数控机床故障知识图谱的基础上设计问答系统,数控机床故障知识图谱问答系统流程图如图10.1所示。问答系统的构建流程包括数控机床故障问句输入、数据预处理、反向标注、数控机床故障问句实体识别、数控机床故障属性映射、数控机床故障实体链接和答案返回。

①数据预处理阶段:对输入的问句进行简单处理,去除标点符号,停用词等操作。

②反向标注:使用BIO标注出问句的目标实体。

③数控机床故障问句实体识别:识别出问句实体标签。

④数控机床故障属性映射:识别出候选答案三元组。

⑤实体链接:候选答案三元组重排序确定最终答案。

⑥答案返回:进行模板匹配,返回符合日常用语的答案。

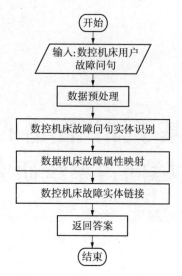

图 10.1　数控机床故障知识图谱问答系统流程图

10.1.2　数据预处理

将故障数据集进行预处理,是将用户输入的故障问句先进行数据清洗。将清洗所用的停用词存入 stop_words. txt 文档。停用词文档中包括中文中不常见的标识,标点符号和特殊字符,从而更适合知识图谱问答系统。通过对问句中的标识符与 stop_words. txt 进行匹配,删除故障问句中的停用词。stop_words. txt 示例,如图 10.2 所示。

.数　.日　/　//　0　1　2　3　4

5　6　7　8　9　：　://　::×　×××

Δ　Ψ　γ　μ　φ　φ.　B　①

②　②C　③　③]　④　⑤　、

⑥　⑦　⑧　⑨　⑩　—　■　▲

图 10.2　stop_words 示例

10.1.3　反向标注

反向标注的原理是通过三元组中的实体,检索出问句中一致的实体。例如,三元组〈机械手,故障,损坏〉,问句是"机械手的故障出在哪里",通过三元组中的实体"机械手",找出问句中的"机械手",并对其进行 BII 标注,其余非实体标注为 O。

10.1.4　数控机床故障问句实体识别模型

数控机床故障问句实体识别模型对反向标注的结果进行实体预测。主要包括 4 层:预训练层、Attention 层、BiLSTM 层和 CRF 层,如图 10.3 所示。

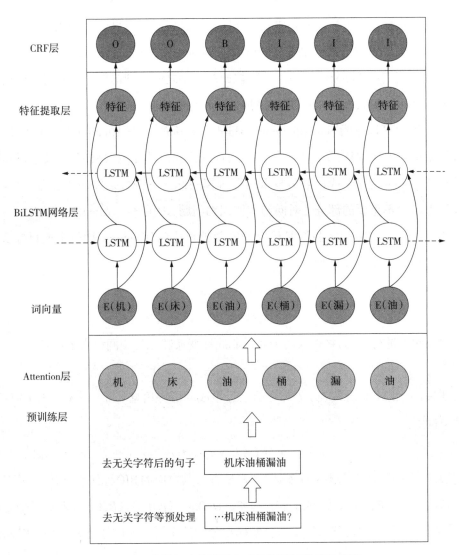

图10.3　数控机床故障问句实体识别深度学习模型

（1）预训练层

预训练层用ALBERT模型把数控机床故障问句表示成复杂的向量，它利用了多级别的文段信息，能够更为有效地找出文段特征。预训练输入层，问句经过jieba分词工具被分割成单个字序列$\{w_1, w_2, w_3, \cdots, w_n\}$送入大型预训练语言模型（ALBERT）中进行提取特征后，根据特定单词，表示为668的特定单词向量。该预训练模型有效地解决了OOV（Out-Of-Vocabulary）问题，在文本处理或自然语言处理中，通常建立一个字词库，当使用的数据集中某些词并不在字词库中时，即OOV问题。

（2）Attention层

Attention层进行权重参数更新，使得目标实体权重参数更大，获得更多关注，Attention机制的原理是关注数控机床故障问句中被BIO标注的目标实体,目标实体被赋予更大的权重,以此来更加准确地识别出其被赋予的BIO标注,例如,"机械臂"目标实体,按照从前向后的顺序,会注意各个字之间的相互关系,计算彼此相近字之间出现的概率,相近程度,也可计算相对较远字之间的相互依赖程度,以此更加关注目标实体"机械臂"。

注意力机制可以分为Soft Attention和Hard Attention。Soft Attention是自然语言文本中的所有数据都会被注意到,所有的字词都会被计算出相应的注意力权值,不会进行相应的筛选。Hard Attention会在生成注意力权重后筛选掉一部分不符合条件的注意力,让这部分注意力权值为0,即不重要的部分。对问句实体识别问题,采用Hard Attention机制。

句子对<Source,Target>,目标是给定输入数控机床问句Source,期望生成目标实体Target,Source和Target单词序列如下:

$$Source =< x_1, x_2, \cdots, x_m > \tag{10.1}$$

$$Target =< y_1, y_2, \cdots, y_n > \tag{10.2}$$

对输入句子进行编码,将输入句子通过非线性变换转化为中间语义表示C。

$$C = F\left(x_1, x_2, \cdots, x_m\right) \tag{10.3}$$

根据Source的中间语义表示C和之前已经生成的历史信息$y_1, y_2, \cdots, y_{i-1}$来生成$i$时刻要生成的单词$y_i$。

$$y_i = L\left(C, y_1, y_2, \cdots, y_{i-1}\right) \tag{10.4}$$

例如,输入的数控机床零部件实体为"机械臂",其对应的BIO标注为"BII"。引入注意力机制的情况下,会给出一个概率分布。例如,$(O, 0.3)$,$(I, 0.2)$,$(B, 0.5)$,表示每个BIO的概率,代表了转化当前字"机"时,注意力分配模型分配给不同标签的注意力大小。引入注意力机制后,如图10.4所示。

图10.4 引入注意力机制后的ALBERT框架

即生成目标标签的过程,其计算式分别为:

$$y_1 = f_1\left(C_1\right) \tag{10.5}$$

$$y_2 = f_1(C_2, y_1) \tag{10.6}$$

$$y_3 = f_1(C_3, y_1, y_2) \tag{10.7}$$

每个 C_i 对应着不同字的注意力分配概率,如"机械臂",其可能对应的信息如下:

$$C_{机} = g\left(0.6*f_2("B"), 0.2*f_2("I"), 0.2*f_2("O")\right) \tag{10.8}$$

$$C_{械} = g\left(0.2*f_2("B"), 0.6*f_2("I"), 0.2*f_2("O")\right) \tag{10.9}$$

$$C_{臂} = g\left(0.2*f_2("B"), 0.6*f_2("I"), 0.2*f_2("O")\right) \tag{10.10}$$

其中,f_2 函数代表对输入中文单词的变换函数,g 代表根据单词的中间表示合成整个句子中间语义表示的变换函数。

$$f_2 = \text{conversion}(x_i) \tag{10.11}$$

其中,conversion 进行中文单词转化为向量,x_i 代表中文单词的第 i 个字词。

$$C_i = \sum_{j=1}^{L_x} a_{ij}h_j \tag{10.12}$$

其中,L_x 代表输入字词,或者句子的长度,a_{ij} 代表在 Target 输出第 i 个单词时 Source 输入句子中第 j 个单词的注意力分配系数,而 h_j 则是 Source 输入句子中第 j 个单词的语义编码。在数控机床故障问句实体识别部分,添加注意力机制,进行上述操作后,将更有助于识别出问句的 BIO 标签。

（3）BiLSTM 层

BiLSTM 层用于获取较长距离的文本信息。BiLSTM 可以从前往后,以及从后往前抽取文本信息。可以通过把最终的问句中的字词表示 $P(W_i)$ 进行组合输入 BiLSTM 中,抽取文本信息:

$$Q = \text{BiLSTM}\left(P(W_1), \cdots, P(W_n)\right) \tag{10.13}$$

（4）CRF 层

通过对预训练层,Attention 层以及 BILSTM 层结合后的线性层进行 CRF 链式变换,可以得到每个单词最可能的实体标签。经过 BILSTM 层处理,可以得到实体标签的概率。实体标签的预测结果可能与实体标签真实值存在偏差,因此,加入 CRF 层,对预测结果进行限制。在 CRF 层中,通过分别指定 B-Par 和 I-Par 标签来预测实体"机械臂"的开始和后续位置,得出标签约束条件下最大可能的输出符号序列,即为在问句中的每个字母都标示出了最可能的实体位置。

在 CRF 算法模型中,给出数控机床故障问句 s 的标签序列,其中,$y_0^{(e)}$ 表示问句的起始标签,$y_n^{(e)}$ 表示问句的结尾标签,预测式为:

$$P\left(y_1^{(e)}, \cdots, y_n^{(e)} \big| s\right) = \frac{e^{S\left(y_1^{(e)}, \cdots, y_n^{(e)}\right)}}{\sum_{\tilde{y}_1^{(e)}, \cdots, \tilde{y}_n^{(e)}} e^{S\left(\tilde{y}_1^{(e)}, \cdots, \tilde{y}_n^{(e)}\right)}} \tag{10.14}$$

损失函数用最小化交叉熵(cross-entropy loss)L_{NER}，其计算式为：

$$L_{NER} = -\log\left(P\left(y_1^{(e)}, \cdots, y_n^{(e)} \big| s\right)\right) = -\log\left(\frac{e^{S\left(y_1^{(e)}, \cdots, y_n^{(e)}\right)}}{\sum_{\tilde{y}_1^{(e)}, \cdots, \tilde{y}_n^{(e)}} e^{S\left(\tilde{y}_1^{(e)}, \cdots, \tilde{y}_n^{(e)}\right)}}\right) \tag{10.15}$$

10.1.5 数控机床故障属性映射

使用数控机床故障问句实体识别的结果，搜索相应的候选实体三元组列表后，实体三元组表示为：(实体，属性，属性值)。候选答案三元组集合可采用两种方式得到：一种是字符串匹配的方式，将零部件实体匹配到三元组中，所对应的属性依次与问题进行字符串匹配，若某个三元组能够匹配到问题中的字符串，将这个三元组的属性值作为对应问题的答案，修饰后进行返回，这种方法检索速度较快，准确率较高。另一种方式是未匹配到对应问题中的字符串，则通过评分模块实现数控机床故障属性映射。

评分模块通过零部件实体在知识图谱中匹配到对应三元组，三元组中的属性与去除实体后的数控机床用户问句进行相似度计算，将相似度得分较高的几个三元组作为候选答案，并在此基础上加入注意力机制，数控机床故障属性映射流程如图10.5所示。

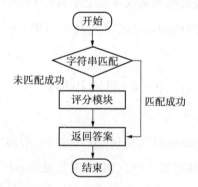

图10.5 数控机床故障属性映射流程

评分模块中的注意力机制的原理是赋予文本中的某些字词更大的权重，同时也赋予相似字词更大的权重，通过权重更新，以此来确定字词及与其相似度表述的字词具有更大的相似度。S_S为去除目标实体后的问句映射，为词向量后的表示，A_A属性映射为词向量后的表示，计算两者之间的距离。

$$d = \sqrt{(S_S - A_A)^2} \tag{10.16}$$

其中,d表示向量空间S_S到向量空间A_A的距离。当d的值较小时,则 Attention 机制进行参数更新,让对应三元组获得更大的权重,权重最大的5个三元组作为候选答案。以此匹配出与问句最相似的属性向量空间,向量空间的距离d越小,说明属性与相应去除实体后的问句相似度越高,因此,加入注意力机制将更有效的确定属性与问句的相似度。

10.1.6 数控机床故障实体连接

通过数控机床故障属性映射得到候选答案三元组,数控机床故障实体连接对候选答案三元组进行排序。将数控机床故障实体识别的最后得分n_s,与属性映射最后得分p_s进行加权求和,根据加权求和的得分对所有候选答案进行重新排列,以确定最准确的得分结果,其中α指定权重参数。

$$Score = \alpha \times n_s + (1 - \alpha) \times p_s \qquad (10.17)$$

10.1.7 答案返回

数控机床故障实体连接对候选答案三元组进行排序,得到得分最高的三元组。答案返回对最高分三元组进行修饰,使其更加符合人们说话的方式,作为最终的答案,进行返回。此过程通过模板匹配的方式返回答案,模板使用三元组(entity, attribute, answer)。答案返回流程如图10.6所示。

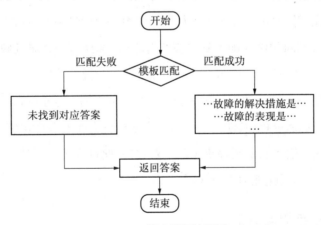

图10.6 答案返回流程图

10.2 系统设计与实验分析

本节介绍数控机床故障知识图谱问答系统的实验流程。实验部分包括数控机床故障问句实体识别模型与注意力机制结合的相关实验,数控机床故障属性映射评分模块与字符串匹配相互结合的相关实验,加入数控机床故障实体连接重排序的相关实验,并进行实验结果分析。

10.2.1　实验整体流程

基于知识图谱的数控机床故障问答系统实验主要由4个阶段构成,一是准备阶段,构建数控机床故障知识图谱,并上传至Neo4j图形数据库,以便对故障三元组进行查找,将所需的问句训练集、问句测试集及问句验证集放入对应数据集文档下。二是问句预处理阶段,对数控机床问句进行去停用词等预处理;去掉后,通过反向标注的方式标注问句数据集,找到对应数控机床问句实体后,对其进行BIO标注,这样节省了手动标注数据集所消耗的时间。三是训练阶段,将预处理的数控机床故障问句经过问句实体识别、属性映射、实体链接、答案返回步骤,进行训练。四是测试阶段,重新输入新的问句,对模型返回的结果进行评判。

①准备阶段,先建立知识图谱,将建立的三元组数据上传至Neo4j图形数据库,准备数控机床故障问句数据集。

②问句预处理阶段,将数控机床故障问句数据集进行清洗,去掉无用字符以及一些已不再使用的词语,并用反向标注的方式对问句进行BIO标注,即三元组的实体与问句匹配时,进行BIO标注。

③训练阶段,将数控机床故障问句中的训练数据集进行实体识别,对识别出的实体进行数控机床故障属性映射,通过两种方式进行属性映射:一种是字符串匹配的方式进行属性映射,当在数控机床故障问句中匹配不到对应字符串时,选择另一种属性映射方式;另一种是通过相似度计算模型进行实验,将得分较高的前5项作为候选答案;最后通过数控机床故障实体连接,将得到的得分较高的三元组进行实体连接重排序,得分最高的作为候选答案,进行返回,在模型迭代训练过程中,使用问句验证集来进行当前模型泛化能力的验证。

④测试阶段,通过输入新的数控机床问句数据集,此过程不进行选定特征,调整参数等,主要用来对最终模型的泛化能力进行评判。

10.2.2　实验结果与分析

(1)实验数据和环境搭建

本节所采用的数据集,是由内蒙古某机械厂所提供的数控机床故障数据集,该数据集经过处理后,划分为7 648个训练集问答对和2 400个测试问答对,为使评估的结论更为客观,又进一步将测试问答对随机分割为测试集和验证集。每个数控机床故障问题可以在所创建的知识图谱Neo4j图形数据库中找到对应的三元组(entity,attribute,value),三元组修饰后则可以用来回答数控机床故障问题,数控机床故障问句数据集,如图10.7所示。

```
<question id=1>    你知道油桶漏油该怎么处理吗?
<triple id=1>      (油桶漏油，措施，更换油桶)
<answer id=1>      更换油桶
============================================
<question id=2>    机械手的故障都有哪些?
<triple id=2>      (机械手,故障,不工作;吸盘位置没有对上;机械手运动速度太快等。)
<answer id=2>      不工作;吸盘位置没有对上;机械手运动速度太快等。
============================================
<question id=3>    机械里面x轴的故障一般是?
<triple id=3>      (x轴,故障,断线)
<answer id=3>      断线
============================================
```

图10.7　数控机床故障问句数据集

本次实验模型是在 Windows 10 操作系统上运行的,CPU 型号为 Intel(R) Core(TM)i7-8700 CPU,运行内存 32G,Pytorch 框架所使用的版本号为 v1.8.1,Python 对应版本号则为 v3.6.5。这里使用 ALBERT 进行对问句的各部分描述,Attention 增加了数控机床故障实体权重参数,并使用 BiLSTM 实现了对问句特征的提取,CRF 实现了标签的检索,优化算法则采用 Adam 算法,并对其中的参数进行更新。其 batch size 的大小,设定为 64;学习率大小设定为 0.001。BiLSTM 中的隐藏层层数大小设定为 300,其全连接层的大小也设定为 300;dropout 为 0.3。数控机床故障属性映射使用的基础模型是 ALBERT 模型,属性映射模块的 batch size 设定为 64,而 dropout 设定为 0.3。通过对模型进行不同 epoch 的训练,将 epoch 值设置为 20 获得了最佳的超参数。

(2)实验评价指标

本次实验的效果主要从 F1 值方面来验证数控机床故障知识图谱问答系统模型效果,该指标的相关指标包括召回率 R,准确率 P。

TP:预定结果为正,测试结果为正;

FP:预定结果为负,测试结果为正;

TN:预定结果为负,测试结果为负;

FN:预定结果为正,测试样本为负。

召回率 R(Recall):TP/(TP+FN);

准确率 P(Precision):TP/(TP+FP);

F1值:2R*P/(R+P)(F1 值本质上是综合进行考虑的指标,其融合了正确率和召回率两个性能指标)。

(3)实验验证与分析

实验1:不同 epoch 下数控机床故障问句实体识别的 F1 值大小对比

为了验证所提出的数控机床故障实体识别模型 ALBERT-Attention-BiLSTM-CRF 在不同

epoch下的效果,特地将epoch循环次数设置为3,5,8,10,15,20,23,25,然后进行实验对比。其结果如图10.8所示。

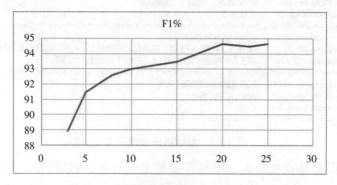

图10.8　不同epoch下数控机床故障问句实体识别的F1值

这里所采用的数控机床故障问句实体识别方法在不同epoch下的结果,如图8.2所示。当epoch设置为3,5,8,10,15,20,23,25时,对应的F1值分别为88.90%,91.45%,92.59%,92.98%,93.46%,94.63%,94.46%,94.63%。可以看出,当epoch小于20时,数控机床故障问句实体识别模型的F1值是逐渐递增的,模型表现欠佳;当epoch超过20时,F1值基本趋于稳定,呈现出小幅振荡的态势,因此,本数控机床故障问句实体识别模型将epoch设置为20时最佳,F1值为94.63%。

实验2:数控机床故障问句实体识别测试集实验结果对比

这次实验为了验证在数控机床故障知识图谱问答系统中,数控机床故障问句实体识别部分加入了预训练语言模型的效果,以及在加入预训练语言模型后加入注意力机制对模型整体有怎样的效果提升,本节将用 ALBERT-BILSTM-CRF[193],BERT-BiLSTM-CRF[194],BiLSTM-CRF[195],BERT-CRF 及 Our(ALBERT-Attention-BiLSTM-CRF)模型方法进行对比研究,实验所得到的结果见表10.1。

表10.1　数控机床故障问句实体识别测试集上实验结果

方法	准确率P	召回率R	F1值
BiLSTM-CRF	0.781 6	0.762 1	0.771 7
BERT-CRF	0.823 5	0.802 5	0.812 8
ALBERT-BiLSTM-CRF	0.883 6	0.871 4	0.877 5
BERT-BiLSTM-CRF	0.892 0	0.881 3	0.886 6
Our(ALBERT-Attention-BILSTM-CRF)	0.943 6	0.949 0	0.946 3

实验结果表明,本节所设计的数控机床故障问句实体识别方法在数控机床故障问句数

据集上取得了相对较好的结果,证明了ALBERT-Attention-BILSTM-CRF模型的有效性,结果见表10.1。从表中可以看出,此处提出的实体识别模型的F1值超过BiLSTM-CRF方法17.46%,超过BERT-CRF模型13.35%,超出BERT-BiLSTM-CRF模型5.97%。本节提出的问句实体识别模型对比不加入注意力机制的ALBERT-BiLSTM-CRF,F1值高出6.88%,因此,加入注意力机制有利于提高数控机床故障问句实体识别的F1值。

实验3:不同数控机床故障问句实体识别模型训练时间对比

此次实验主要验证所设计的数控机床故障问句实体识别模型与其他模型在召回率、准确率、F1值训练时间上的对比。

为了验证数控机床故障问句实体识别模型在召回率上的时间对比,本节进行了召回率的相关实验。其结果如图10.9所示。

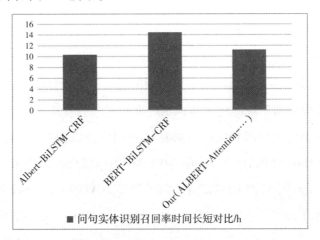

图10.9　不同故障问句实体识别召回率所对应时间长短比较

为了验证数控机床故障问句实体识别模型在准确率上的时间对比,这里进行了相关模型实验,实验结果如图10.10所示。

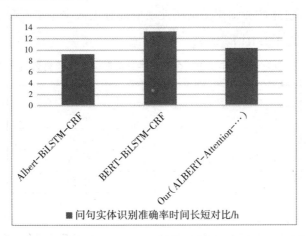

图10.10　不同故障问句实体识别准确率所对应时间长短比较

为了验证数控机床故障问句实体识别模型在F1值上的时间对比,进行了F1值相关实验,实验结果如图10.11所示。

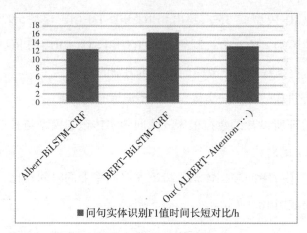

■ 问句实体识别F1值时间长短对比/h

图10.11　不同故障问句实体识别F1值所对应时间长短比较

由图 10.3 可知,Our(ALBERT-Attention-BILSTM-CRF)、ALBERT-BILSTM-CRF、BERT-BILSTM-CRF实体识别模型的对应问句实体识别的召回率时间分别为11.25,10.35,14.45 h。由图10.4可知,3种模型的对应问句实体识别的准确率时间分别为10.25,9.25,13.35 h。由图10.5可知,3种模型的对应问句实体识别的F1值时间分别是13.25,12.45,16.35 h。对比BERT模型,时间上 Our(ALBERT-Attention-BILSTM-CRF)模型对比 BERT-BILSTM-CRF 分别节省了3.2,3.1,3.1 h。从 ALBERT-BILSTM-CRF 与 Our(ALBERT-Attention-BILSTM-CRF)的对比来看,由于添加了注意力机制,Our(ALBERT-Attention-BILSTM-CRF)模型训练时间稍有增加,但由实验2的结论可知,Our(ALBERT-Attention-BILSTM-CRF)F1值高于其他模型,经过综合考量,本节设计的问句实体识别模型对比其他模型是更有效率的。

实验4:加入字符串匹配后数控机床故障属性映射实验结果对比

为了验证在数控机床故障知识图谱属性映射部分加入字符串匹配后的模型效果,本节特地将其与 BiLSTM 和 ALBERT 模型方法进行对比,结果见表10.2。

表10.2　加入字符串匹配后属性映射测试集实验结果对比

方法	F1值/%
BiLSTM	78.43
BERT	85.01
ALBERT	84.65
Our(ALBERT+字符串匹配)	91.02

实验结果表明,模型在数控机床故障属性映射中加入字符串匹配,在数控机床故障问句

数据集上取得了相对较好的结果,从表10.2中可以看出,BERT模型高于BiLSTM方法6.58%,BERT模型对比ALBERT模型的F1值提升了0.36%,F1值下降相对较少,且BERT模型对比ALBERT模型训练时间更长,因此,ALBERT模型相对较好;在使用ALBERT模型的基础上加入字符串匹配,从表中可以看出,对比不使用字符串方式的ALBERT模型方法来说,高于6.37%,且字符串匹配方式速度相对较快,匹配正确答案的概率高,因此,加入字符串匹配有利于数控机床故障属性映射F1值的提高。

实验5:数控机床故障属性映射实验结果对比

为了验证数控机床故障属性映射在已加入字符串匹配的基础上,加入注意力机制的属性映射效果,本节进行了加入注意力机制与未加入注意力机制的实验,实验比较结果见表10.3。

表10.3　加入注意力机制后属性映射测试集实验对比

方法	F1值/%
ALBERT+字符串匹配	91.02
Our(ALBERT+Attention+字符串匹配)	94.32

实验结果表明,数控机床故障属性映射在加入字符串匹配的基础上,本节提出的数控机床故障属性映射模型在ALBERT二分类模型基础上加入注意力机制对比未加入注意力机制的模型F1值提高了3.3%,因此,加入注意力机制的数控机床故障属性映射模型有利于提高F1的值。

实验6:数控机床故障实体连接实验结果对比

为了验证加入实体连接与不加入实体连接问答系统回复问题的准确性,本节特地做了加入实体连接与不加入的实验,实验比较结果见表10.4。

表10.4　数控机床故障实体链接实验结果对比

方法	Accuracy/%
未加入实体连接	91.46
加入实体连接	93.87

从表中可以看出,使用数控机床故障实体连接进行答案重排序的方式对比未加入实体连接的方式,准确率提高了近2.41%,验证了加入数控机床故障实体连接的必要性。

10.3 小结

本章主要从3个方面进行数控机床故障知识图谱问答系统模型的实验,实验结果表明本章提出的模型在F1值评分和准确率上都是有效率的,第一方面数控机床故障问句实体识别epoch对比,时间长短比较以及问句实体识别确定参数后测试集上的F1值大小比较,结果验证了加入预训练语言模型以及注意力机制后问句实体识别的效果。第二方面通过数控机床故障属性映射测试集上结果的显示,测试相似度计算的有效性,验证了对数控机床故障问句与三元组属性相似度的计算,并观察到加入注意力机制及字符串匹配后,对实验结果有明显的提升。第三方面则是数控机床故障实体连接对候选答案三元组及数控机床故障问句实体识别得分进行加权求和,验证了此方法的有效性,实验结果验证了数控机床故障问答模型中所做的针对数控机床故障问句实体识别,属性映射模型,实体连接下的效率与F1值保证了问答过程中回答效果较优的问题。

第3篇　图像识别

第11章　图像识别绪论

11.1　课题研究背景及意义

随着5G时代的到来,在智慧超市、智慧停车场、智慧水务等领域发展迅速,但在智慧水务快速发展的过程中,仍然存在采用传统人工抄表方式记录用水量,这种方式通常存在一些错抄、漏抄的现象,而且实时性得不到保障。在我国,基本上家家户户都需要用水,现在大部分地区仍采用指针式水表对居民用水量进行测量,采用传统人工抄表方式获取用户某一时段的用水量。而这种抄表方式受人为影响较大,且需要大量的人力物力。人工抄表工作虽然重复、简单,但由于指针式水表不易直观读取,在浪费大量劳动力的同时,却得不到令人满意的结果。反而在大量反复读表的过程中,很容易导致抄表人员的视觉疲劳,进一步导致仪表读数不精准,甚至错读的情况,从而造成财产损失。传统人工读表方法具有主观性强和准确性难以保证的问题,人工记录时也有可能出现错写漏写的问题导致效率低下。在这个现代化数据大爆炸的时代,数据获取的高效性和准确性是必须要保证的。

智慧水务对用水数据的实时性和准确性要求十分严苛,传统抄表方式已经满足不了当前的需求。为了提高抄表工作的效率,国内外研究学者已经基于计算机视觉技术、通信技术和传感器技术提出许多解决方案,具有抄表速度快,读数精度高等优势。指针式水表智能读数的总体方案一般是通过图像识别技术实现的,主要利用摄像头等传感器采集指针式水表图像数据,将采集到的图像经过一系列的图像处理技术,最终得到指针式水表的读数结果。随着计算机技术和图像处理技术的快速发展,指针式水表读数识别算法最终可以代替人工读数,提高指针式水表判读的效率。

11.2 指针式仪表读数识别的研究现状

在计算机机器视觉和深度学习等技术快速发展并逐渐走向成熟的过程中,越来越多的研究学者开始利用现有的机器视觉技术将工业中常用的指针式仪表与现代工业中的自动化智能产业联系起来,解决人工读取指针式仪表读数准确性、客观性和时效性较差的问题。在国内外众多杰出的科学家、研究学者、技术人员的不懈努力下,取得了丰硕的研究成果。从现有的指针式仪表读数识别方案来看,可以将其分为两大类:一类是基于机器视觉传统算法设计的指针式仪表读数识别方案;另一类是基于深度学习算法设计的指针式仪表读数方案。

11.2.1 基于机器视觉传统算法的指针式仪表读数识别研究现状

在20世纪初,指针式仪表读数智能识别的课题由Sabiatnig[196,197]和Alegria[198]等人提出,但早期提出的算法不够成熟。随着仪表读数检测领域的快速发展,越来越多的国内外学者加入了该领域进行研究,指针式仪表读数识别研究方案被广泛提出。其中,作为最受研究学者关注的一种经典检测方法——基于机器视觉传统算法的指针式仪表读数检测,为后期指针式仪表读数检测研究工作奠定了坚实的基础。

基于机器视觉传统算法的指针式仪表读数检测方案一般分为图像预处理、图像校正、表盘提取、指针检测和仪表读数判读等阶段。

仪表图像中常常出现光晕、高斯噪声和脉冲噪声等现象,对指针式仪表的读取识别造成了恶劣的影响,导致图片质量严重下降,做好图像预处理方案非常有必要。

2013年,房桦等人[199]为了解决现场光线变化及其他设备阴影遮挡导致仪表图像亮度不均的问题,提出了一种基于自适应阈值法的图像预处理算法。该方法使用了自适应阈值算法对图像进行二值化,过滤了一些背景噪声,使指针定位更加精准。

2014年,施健等人[200]为克服图像上噪声点和遮挡问题提出了一种图像预处理方法,首先将图像转化成灰度图像,采用中值滤波进行去噪处理,使图像更加平滑的同时,还保留了指针图像的边界信息。同年,李学聪等人[201]针对指针式仪表图像提出了一种新的图像预处理方法——"六步"预处理法。该方法首先通过阈值筛选出反光区域,其次利用背景灰度填充反光区域,最后使用特征插值法恢复仪表盘上的刻度。高斯滤波除去高斯噪声,中值滤波除去椒盐噪声,然而去除噪声的过程中会使得图片变模糊,最后使用拉普拉斯算子锐化出指针式仪表图像的细节。

由于人工拍摄时,相机与水表的位置是随机的,可能导致拍摄出的图像存在畸变、旋转角度不定等问题,这对后续操作是十分不利的,需要对图像进行校正处理。而变换作为一类重要的数学思想,可对上述问题进行有效处理。其中,仿射变换[202,203]可以将一些存在旋转角度的图像校正为无旋转角度的图像,但仿射变换不能改变图像内部点的相对位置,即无法对畸变图像进行校正处理。针对图像旋转角度不定的问题,也可以利用 Radon 变换[204,205]或者 Hough 变换[206]检测倾斜角度过度方法进行校正,但该方案仍然无法处理畸变图像的校正问题。然而作为可以把图像从二维空间变换到三维空间,也可以把图像从三维空间变换到二维空间的透视变换,能便捷地解决畸变图像的校正问题。

2011 年,针对发生畸变的图像,代勤等人[207]根据透视变换原理提出了一种基于霍夫变换和透视变换的透视图像矫正方案。该方案运用 Hough 变换提取　　　　的4条直线,从而计算出 4 个交点的坐标,获得关于透视变换的方程组,计算透　　　　透视变换矩阵应用于图像中所有像素位置的计算,将所有像素点进行　　　　　　视图。

2019 年,华南理工的赵经纬等人[208]提出了一种间接　　　　　　像旋转角度不固定的问题,该方案首先需要人工画出摆正后的矩形框,　　　顶点坐标,计算正方形的中心点,最后计算正方形的旋转角度,进行指针式仪表的

2020 年,一种畸变文档图像的校正方法由西北师范大学周丽等人[209]提出。该方法首先利用文本域合并方法获得文本行,其次使用主成分分析方法,进行关键点投影,最后利用三次多项式计算关键点和其投影点之间的偏移量,使用优化算法进行最小化重投影,使文本图像得到校正。

同年,戴雯惠等人[210]为了有效提高畸变图像的校正准确率,提出了一种改进透视变换的畸变图像校正方法。该研究方法结合透视变换原理,首先将图像上的点映射到参数空间上,提取出图像中的直线,通过计算直线的交点,其次利用摄像机成像模型,计算畸变图像的半径大小和圆心坐标,提取畸变图像的有效信息。最后通过两条直线的间距获得畸变参数,以确定畸变图像的矫正坐标,实现畸变图像的校正。

陈梦迟等人[211]提出一种借助二维码正方形图案解决仪表图像存在不确定旋转角度的问题,通过 Hough 直线检测算法检测正方形二维码的 4 条直角边并计算 4 条直角边的 4 个交点坐标,采用透视变换算法获得透视变换矩阵,对仪表图像倾斜校正处理。

表盘指针的获取是基于机器视觉传统算法检测指针式仪表图像读数的重要步骤,只有指针位置足够精准,才能保证精确度达到标准要求,获取指针信息的方式有多种,其中以减影法、最小二乘法、霍夫直线变换法[212]为主。

2007 年,李治玮等人[213]结合计算机技术和仪表图像处理方法,提出了一种定位仪表图像中指针的方法。该方法需要在同等条件下获得两幅指针式仪表图像,运用最大灰度法得

到无指针参考图像,最后利用灰度相减法,将实测图像与参考图像相减,得到指针位置信息,即减影法,接着用边缘检测和细化算法获得单像素宽度的指针图像。

2015年,张文杰等人[214]针对光照变化对指针式仪表读数算法影响较大、识别精度不高的问题,提出了一种基于视觉显著性区域检测的指针式仪表读数的方法。该方法首先利用区域对比度、空间关系、中心先验性等视觉显著性区域检验先验知识,提取仪表图像指针区域,接着,用无向图排序算法对其进行优化,抑制非指针区域的干扰,突出指针区域。

2018年,高建龙等人[215]结合形态学和阈值分割算法提取指针。2020年,张雪飞等人[216]提出一种针对多类仪表指针识别方法,通过快速线段检验算法获取指针。2022年,孙顺远等人[217]提出一种基于EDLines直线检测算法检测仪表指针,提升指针定位的抗干扰能力。

仪表读数的方法主要有角度法[218]和距离法[219-221]。角度法主要是计算指针的偏移角度,进而识别指针读数。距离法是指通过指针的相对位置得到指针读数,主要是在识别仪表刻度的基础上进行的,对不同的仪表刻度线段分别标记,然后计算指针直线距离左边刻度中心的距离 d_1,以及指针直线右边临近刻度 d_2,若左边刻度线为第 D 条刻度,则指针读数为 $D + d_1 / (d_1 + d_2)$。

孙凤杰等人[222]提出一种改进的指针角度识别算法——同心圆环搜索法。该方法首先选取指针所在区域圆心与半径,然后按照一定的步长在同心圆环中寻找指针与同心圆环的交点,根据不同的交点形成线段斜率计算指针相对于零刻度基准线的角度,提高检测精度。

Yue等人[223]提出一种基于Hough变换自动仪表读数的方法,通过检测指针直线与零刻度直线的夹角计算仪表读数。北京邮电大学的曲仁军等人[224]对基于嵌入式环境下仪表快速识别理论进行了探索,结合边沿梯度圆心查找法对指针读数进行判读。

11.2.2 基于深度学习算法的指针式仪表读数识别研究现状

近年来,随着深度学习的兴起,出现了越来越多基于深度学习算法的指针仪表读数识别方法[225-227]。这些方法按照在不同阶段采用的技术可以分为3种检测策略:第一种在仪表检测阶段采用深度学习技术,在读数识别阶段仍沿用传统方法;第二种在仪表检测和指针提取阶段采用深度学习方法;第三种是不依赖机器视觉传统算法,直接采用深度学习算法对仪表读数进行检测识别。

2017年,刘葵[228]等人提出一种基于Faster R-CNN的指针式仪表读数识别方法。该方法首先通过Faster R-CNN算法对采集到的图像进行仪表图像定位,再通过连通域分析、自适应阈值分割和卷积神经网络LeNet-5实现表盘圆心的定位、指针检测和表盘数字、刻度的划分,最后结合分度值和指针位置识别仪表读数。

同年,邢浩强等人[229]提出了利用卷积神经网络对仪表表盘进行检测,根据计算仪表图像距视野中央的偏移值以及图像占比,调整相机位置和缩放倍数,运用透视变换算法对表盘图像进行校正,接着利用 Hough 变换检测指针所在的直线。

2019 年,Liu 等人[230]提出对 Faster R-CNN 结构进行针对性优化该方法通过采用 multi-scale training、增加较小的 anchor 并使用 OHEM 方法,另外,辅之以表盘镜面反射消除的方法,提升模型对抗表盘反光的鲁棒性和检测精度。然后利用仿射变换将椭圆形仪表变换成圆,最终根据分割得到的指针,计算指针角度,利用角度法得到仪表读数。

同年,周杨浩等人[231]提出通过全卷积网络检测仪表表盘图像,然后对检测出的仪表表盘图像进行直方图均衡化、中值滤波和双边滤波,避免了光照和阴影对检测任务的影响,采用仿射变换和 Hough 变换实现倾斜图像的校正和指针的检测,最后利用角度法获取读数。

徐发兵等人[232]提出首先利用改进的 YOLO 9000 检测仪表,其次利用 EAST(Efficient and Accurate Scene Text detector)算法检测并识别仪表刻度数字的位置信息和刻度值,最后结合仪表指针和刻度值信息采用角度法识别仪表读数。

张珺等人[233]针对光照不足的问题,首先提出利用全卷积网络对仪表图像进行暗光预处理,其次利用 YOLO 模型进行仪表表盘的检测,接着通过透视变换对表盘图像进行图像校正,消除表盘畸变,接着通过对二值化的仪表图像连通及拟合,得到刻度区域和指针图像,最后根据角度法获取仪表读数。

司朋伟等人[234]针对 Faster R-CNN 生成的物体候选框不精确的问题,首先提出利用 VGG-16 特征进行模板匹配,其次通过 Hough 直线检测定位方形仪表,接着结合 Canny 边缘检测算法、LSD 算法、Zhang 快速细化算法和骨架分支点实现刻度线的检测和细化及指针重心的提取,最后分析指针重心与刻度之间的关系得到仪表示数。

郑鑫鑫等人[235]提出,首先利用改进的全卷积神经网络(Fully Convolutional Net works,FCN)进行仪表检测,然后利用 Haar 特征检测刻度圆,最后在极坐标系下计算指针与刻度之间的距离,从而得到读数。贺嘉琪[236]提出一种基于 Mask R-CNN(Mask Rotational Region CNN)模型在自然场景下仪表表盘的检测与分割,然后利用阈值分割法和 Hough 变换法对指针进行定位和拟合,最后通过距离法对示数进行判定。

2020 年,Zou 等人[237]提出了一种基于改进的 Mask R-CNN 网络进行指针式仪表读数。该方法使用 PrRoIPooling 代替现有 Mask R-CNN 中的 RoiAlign,有效地解决了复杂背景和不均匀光照等问题,提高了指针式仪表表盘识别的准确性。

2021 年,李俊等人[238]提出一种检测指针式仪表的方法。该方法首先利用 YOLOv4 算法检测仪表表盘,再通过 Hough 圆算法提取表盘、最小二乘法拟合刻度线所在直线,采用形态学算法中的膨胀和腐蚀对刻度区域进行细化,其次结合Canny边缘检测算法和Hough变换检测指针边缘直线,最后通过角度法计算仪表读数。

同年,戴斐等人[239]提出了一种指针式仪表读数测量方法。该方法采用YOLOv3网络检测仪表表盘区域,结合Hough检测和形态学算法检测出直线所在的位置并进行指针的细化,最后采用角度法获取指针式仪表的示数。

相比于传统方法,通过深度学习方法进行仪表表盘的检测与分割,使检测性能得到显著提升。但深度神经网络都只应用在仪表检测阶段,后续读数识别流程仍基于机器视觉传统算法进行检测。该种策略对仪表图像质量要求较高、鲁棒性不足,因此,在实际场景中的识别效果不能令人满意。

2019年,Dai等人[240]针对已经检测好的指针仪表,提出先对仪表图像进行灰度化、平滑去噪、滤波、增强、二值化等一系列预处理,得到仪表指针和刻度的Mask图像,然后利用一个4层CNN网络,直接从仪表Mask图像中回归读数。

同年,Fang等人[241]提出一种基于Mask R-CNN的仪表读数检测算法。该方法通过语义分割对仪表图像进行指针关键点和刻度关键点的检测,根据指针和刻度盘的关键点计算仪表读数。

2020年,何配林等人[242]提出了一种基于Mask R-CNN的仪表读数检测算法。该方法通过Mask R-CNN网络分割表盘,然后对分割出的表盘进行仿射变换,实现表盘校正,再对指针进行分割,计算指针的偏移角度,最终获得仪表读数。

2020年,Liu等人[243]提出了对自然场景图像进行去雾、补全、超分辨等一系列水表预处理方案,解决真实场景下仪表图像存在雨雾和污渍的问题,然后用Mask R-CNN进行仪表检测和指针分割。

同年,万吉林等人[244]提出一种基于Faster R-CNN目标检测和U-Net图像分割技术的指针式仪表读数自动识别方法。该方法利用Faster R-CNN检测仪表图像中的表盘区域,采用改进的U-Net网络有效提取指针和刻度线,再用传统算法拟合指针和刻度线。Cai等人[245]针对标注指针式仪表图像数量不足的问题,提出了对仪表图像进行旋转的解决方案,从而扩充数据容量,并通过一个CNN网络直接回归仪表读数。

2021年,陈玖霖等人[246]提出一种基于YOLOv4网络模型的深度学习目标检测方法。该方法利用SIFT算法根据模板图像与检测图像的特征点进行特征点匹配,进而校正整张仪表图像,再利用YOLOv4网络分别对仪表表盘和指针进行检测与分割。

Zhang等人[247]提出一种基于目标关键点检测的水表指针读数识别方法。该方法采用改进的YOLOv4-Tiny检测刻度盘和指针所在的区域,采用RFB-Net网络对关键点检测,将关键点用于图像校正,解决刻度盘旋转的问题,实现指针偏移角度与读数的有效对应,进而完成自动抄表任务。

2022年,Sun等人[248]提出一种基于深度学习算法的指针式仪表自动读取方法。该方法采用YOLOv4网络检测仪表表盘,通过Anam-Net提取指针区域,将仪表刻度区域从直角坐标系转换到极坐标系,利用轻量级卷积神经网络定位主刻度线,最后计算出仪表读数。

目前,深度学习算法被应用在指针式仪表读数领域中,大多数是解决某个阶段的问题,其他阶段仍然采用机器视觉传统算法。除上述方案外,也有不依赖机器视觉传统思路直接采用深度学习算法端到端进行读数预测的,但是该策略对仪表结构十分严格,因此,现阶段这方面的研究工作较少。

2019年,赵经纬针对实际工作环境中的家用水表表盘容易起水雾的问题,提出首先利用DeHazeNet进行图像去雾,其次利用改进的R-FCN同时进行水表子表盘检测和读数识别,最后通过10分类检测任务对读数阶段进行实现。

相比于所有阶段都采用机器视觉传统算法,在表盘检测和指针检测阶段引入深度学习算法的方案在很大程度上提高了检测的精度,但划分的阶段较多,阶段性地使用传统算法,容易逐步积累误差,造成指针式仪表读数检测的准确率下降。其他不依赖于机器视觉传统算法的方案,在检测精度和准确度上具有较大优势,但可以识别指针式仪表的类别有限。

现有的指针式仪表种类繁多,读数检测方案也同样丰富且多样,不同种类的指针式仪表读数检测都存在着干扰因素,选择合适的算法,并制订出针对该类指针式仪表读数检测方案是十分重要的。

(1)主要研究内容

本章主要基于机器视觉传统算法和深度学习算法分别设计了指针式水表读数检测方案,其中,基于机器视觉传统算法设计的指针式水表读数检测方案,主要研究内容包括:

①对水表表盘检测和分割模块的设计。本章采用高斯滤波算法对指针式仪表图像进行降噪处理,用Hough圆变换对圆形水表表盘进行检测,再根据表盘中心点和半径等信息对水表表盘进行分割。

②对水表表盘校正模块的设计。本章以子表盘的中心点作为校正关键点的候选点,对候选点进行编号,获取特定编号的候选点作为透视变换的关键点,将关键点坐标与基准图像坐标作为透视变换接口的输入数据,得到校正后的指针式水表图像。

③对子表盘检测和分割模块的设计。本章为了避免表盘中无意义的特征信息给子表盘中指针检测带来干扰,先对表盘图像进行边缘检测,再通过Hough变换检测圆算法对子表盘进行检测和分割。

④对子表盘指针分割模块的设计。本章将分割完成的子表盘,先经过二值化和黑帽运算得到相应的图像,再将两幅图像进行加运算,得到指针信息。

⑤对读数识别模块的设计。本章基于指针信息计算指针质心与轮廓点集的距离,以最大距离映射的轮廓点为该指针的针尖点,以指针针尖点和质心的坐标计算指针夹角,因为子表盘刻度均匀分布,采用角度法确定读数。

通过研究深度学习算法的指针式仪表读数识别方法发现深度学习算法的引入虽然在很大程度上提高了检测的精度,但是因采用机器学习传统算法进行阶段式的填充和构建,容易逐步积累误差,造成识别准确率下降。为了解决上述问题,本章在基于深度学习算法的指针式水表读数检测方法中,改进了YOLOv5s算法结构,提高了指针式水表读数的准确性,主要工作包括:

①针对采集指针式水表数据集表盘雾化情况严重,本章采用Mosaic和Mixup数据增强方法对指针式水表图像数据集进行扩充,使网络对雾化严重表盘的特征得到更加充分的学习。

②针对原YOLOv5s中特征融合网络采用FPN+PAN结构导致的计算参数过多且没有考虑不同的输入特征具有不同的分辨率,对通过特征融合的输出特征图的贡献也不同。本章引入了BiFPN加权双向特征融合金字塔结构,减少了参数,有效缓解网络的计算负担,实现了更高层次的特征融合。

③在特征融合网络中,为了使更多更重要的特征信息被融合,减少次要信息的融合甚至忽视无关信息,本章在特征融合网络中嵌入了CBAM注意力机制模块,加强了YOLOv5s算法对通道特征和对空间特征的学习,以获取特征层中更有意义的特征信息和精确的位置信息。

④针对原YOLOv5s预测端采用CIoU损失函数,没有考虑预测框和真实框之间的角度问题,导致模型训练过程中预测框在真实框附近震荡,回归速度慢,本章将损失函数替换成增加了角度惩罚项的SIoU损失函数,对惩罚指标做进一步改进,从方向上减少了自由度的数量,从而提高模型训练推理的速度和准确性。

(2)章节安排

本书针对指针式水表读数识别分别用了机器视觉传统算法和深度学习算法作为研究的技术背景进行研究,共分为5个章节对研究方法进行详细介绍,内容如下:

第11章:绪论。本章阐述了指针式水表读数检测的选题背景和选题意义,分别从机器视觉传统算法和深度学习算法的角度详细说明了指针式仪表读数识别的国内外现状进行简要阐述,最后论述了文章的主要研究内容和文章的章节安排。

第12章:相关理论技术的介绍。本章主要针对机器视觉传统算法和深度学习算法相关指针式水表读数阶段所采用的算法进行简要概述。

第13章：基于机器视觉传统算法的指针式水表读数识别方法的构建。本章主要介绍基于机器视觉传统算法构建的指针式水表读数检测方法的实现过程，将整个方案分为分割指针式水表表盘、校正指针式水表表盘、分割和检测子表盘、提取子表盘指针和读数判别等阶段。

第14章：基于深度学习算法的指针式水表读数识别方法的构建。本章主要介绍了基于深度学习算法构建的指针式水表读数检测方法的实现过程，首先，介绍了YOLOv5s原网络的基本模块；其次，分别介绍了Mosaic和Mixup数据增强、CBAM注意力机制、BiFPN加权双向特征融合金字塔和SIoU损失函数等改进点；最后，阐述了模型的整体结构。

第15章：基于深度学习算法的指针式水表读数识别的实验结果和分析。本章前后分别介绍了数据集的构建、实验环境的搭建、模型的评估指标，主要介绍了实验结果与分析，分别通过数据增强的对比实验、注意力机制的对比实验、损失函数的对比实验和不同模型间的对比实验，证明改进后的模型在识别精度上有一定的提升。

第16章：提出了水表读数识别应用系统。采用水务公司抄表工作的视角，对水表读数识别应用系统进行分析与设计，对系统的需求分析、总体架构设计以及重要功能模块实现进行介绍，包括读数区域检测模型和读数区域字符识别模型的应用流程。

第17章：将水表识别应用系统部署在移动端上，便于水务公司管理的城镇居民查询用水量以及缴纳水费，实现水表图像自动读数的功能。

第12章 相关理论和算法介绍

12.1 指针式水表读数检测机器视觉传统算法的相关介绍

12.1.1 图像预处理算法

图像质量在图像检测和识别中是十分重要的,指针式水表图像中可能存在噪声、模糊等干扰因素。影响指针式水表读数检测识别,需要通过合理有效的图像预处理方法去除干扰因素。

噪声是处理传统数字式图像时常见的干扰因素之一,在采集图像时、传感器材料属性、电路结构等影响是噪声的主要产生原因,换句话说,相对不完善的传输介质和记录设备均会导致图像被噪声污染。噪声的出现并不利于图像的检测,因此在获取待检测图像后,需要对图像进行去噪处理。

当今世界,经过手机、相机等设备拍摄得到的图像大多为RGB三通道的彩色图像,由于彩色图像蕴含的信息量过大,在图像检测的某个阶段中,当灰度图中的信息量足够支撑图像处理时,为避免计算机算力的浪费,提高计算速度,因此将RGB彩色图像转化为灰度图像,这一过程称为图像灰度化。

图像边缘中通常蕴含着大量重要信息,例如,图像中物体的面积、形状、轮廓等,这些信息对图像检测和分割是非常重要的。边缘检测不仅可以检测出图像中的边缘,也可以在边缘检测过程中弱化甚至去除一些不重要的信息,突出和保留图像中结构属性等重要信息。

12.1.2 指针式水表读数算法

经典的Hough变换[249]被用于检测图像中的直线。随后相关的研究人员将Hough变换推广到几何形状的识别,发展到现在Hough变换检测的几何形状已扩展到直线、圆、椭圆。

Hough变换的优势是对图像上的噪声、变形及边缘间断等情况,表现出一定的抗干扰能力,被广泛使用在各领域内检测几何形状。

Hough变换圆检测原理[250,251]是将圆从图像空间映射到参数空间。在平面直角坐标系中确定3个参数分别是圆心(a,b)和半径r,圆的一般方程为:

$$(x - a)^2 + (y - b)^2 = r^2 \tag{12.1}$$

式中,在参数空间中,设(x,y)为常量,(a,b,r)是未知数,式(12.1)是圆锥方程。

在图像空间上,圆的像素点集将映射到参数空间上,如图12.1所示,通过映射参数空间上将存在一簇拥有同一个的交点(a_0,b_0,r_0)的三维锥体集,每存在一个三维锥体交于交点坐标(a_0,b_0,r_0)会为交点投一票,将票数超过阈值的交点坐标作为该表盘的圆心和半径,将该交点从参数空间信息(a_0,b_0,r_0)转换到图像空间,圆心坐标为(a_0,b_0)和半径r_0,从而获得圆的检测信息。

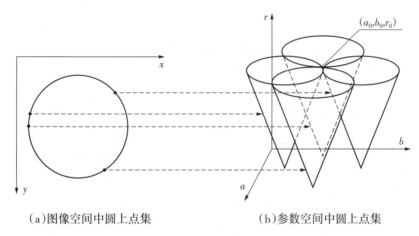

（a）图像空间中圆上点集　　　　　　（b）参数空间中圆上点集

图12.1　圆的图像空间到参数空间的映射

透视变换是把一个图像投影到一个新视平面的过程,可以解决图像畸变问题。其实质是将一个图像的二维坐标系转换为一个三维坐标系,再将图像的三维坐标系通过非线性变化,投影到一个新的二维坐标系的过程。如图12.2所示以透视中心、目标点、像点3点共线

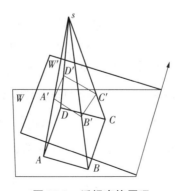

图12.2　透视变换原理

为基准,通过透视面绕透视轴旋转特定角度,打破了原有的投影光束,按照投影规律进行变换,彻底改变了投影图像的尺寸、形状和位置。

设透视中心为E点,从任意四边形$ABCD$通过透视中心投影到新平面$A'B'C'D'$,其中,A点经投影后得到A'点,B点经投影后得到B'点,C点经投影后得到C'点,D点经投影后得到D'点,可得到Transform透视矩阵,即

$$\text{Transform} = \begin{bmatrix} a_1 & a_2 & a_3 \\ a_4 & a_5 & a_6 \\ a_7 & a_8 & a_9 \end{bmatrix} = \begin{bmatrix} T_1 & T_2 \\ T_3 & a_9 \end{bmatrix} \tag{12.2}$$

式中,将Transform透视矩阵分成了4个部分,即T_1, T_2, T_3, a_9,其中,若$a_9 = 1$,T_1决定了图像的线性变换程度,包括缩放和旋转;T_2决定了图像的平移程度,T_3决定了图像的透视变换程度。

透视变换和仿射变换矩阵的参数意义,见表12.1。显然在Transform透视矩阵中有8个未知数,通过4对坐标(x, y)的投影,可得到8个方程组,即Transform透视矩阵可求,将任意四边形$ABCD$所有的图像的像素点通过Transform透视矩阵得到投影新平面$A'B'C'D'$中的图像。

表12.1　透视变换和仿射变换矩阵的参数意义

新参数	参数	意义
T_1	a_1, a_2, a_4, a_5	缩放和旋转程度
T_2	a_3	水平方向平移程度
	a_6	垂直方向平移程度
T_3	a_7	水平方向形变程度
	a_8	垂直方向形变程度

与透视变换不同的是,仿射变换的实质是从二维坐标系到二维坐标系之间的线性变换,在变换过程中只进行平移和旋转操作,可以维持二维图像坐标点的相对位置和属性。仿射变换矩阵,即

$$\text{transform} = \begin{bmatrix} a_1 & a_2 & a_3 \\ a_4 & a_5 & a_6 \\ a_7 & a_8 & a_9 \end{bmatrix} = \begin{bmatrix} a_1 & a_2 & a_3 \\ a_4 & a_5 & a_6 \\ 0 & 0 & a_9 \end{bmatrix} = \begin{bmatrix} T_1 & T_2 \\ T_3 & a_9 \end{bmatrix} \tag{12.3}$$

式中,将transform仿射矩阵分成4个部分,即T_1, T_2, T_3, a_9,具体参数意义见表12.1,显然T_3为0,不存在对图像进行形变操作,故仿射变换不能解决畸变图像的校正问题。在transform仿射矩阵中有6个未知数,需要通过3对坐标(x, y)的投影,可以得到6个方程组,即transform仿射矩阵可求,将二维坐标系中的所有图像的像素点通过transform仿射矩阵得到新的图像。

12.2 指针式水表读数检测深度学习算法的相关介绍

12.2.1 卷积神经网络原理

卷积神经网络是深度学习算法的代表之一,相比于传统算法,卷积神经网络具有强大的学习能力和表达能力,能够根据输入进去的训练集图像,学习到图像特征并生成针对该数据集图像的训练模型。卷积神经网络由多个卷积层、激活函数、池化层、全连接层构成,实现对图像的分类和归回。

卷积层主要负责在尽量不丢失特征信息的前提下,缩小图像的特征图,用来提取图像中的特征信息。如图12.3所示,卷积层主要由卷积核和输入特征图构成[252],卷积核是卷积层的核心,由大量参数构成,可以将卷积核看作一个矩阵,通过网络训练卷积核的参数不断优化。卷积核的尺寸是可以调整的,3×3和5×5的卷积核在卷积神经网络中最为常见。

(a)卷积核　　　　　　　(b)输入数据

图12.3 卷积核和输入数据

池化层可以看作一种特殊卷积操作[253],在特征训练过程中,池化层不需要进行参数更新。池化层的主要目的在于对输入特征信息进行的压缩,减少特征图上的计算量。池化操作主要通过计算方式分为最大池化和平均池化,如图12.4所示,通过一个池化核尺寸为2×

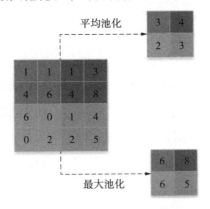

图12.4 两种池化运算示意图

2,步长为2的设置,可将一个大小为4×4输入特征图缩小为2×2大小的特征图。

全连接层通常放在网络的最后进行特征整合,用来完成特征分类的任务,全连接层不具有提取特征的能力,只用来作为卷积神经网络的分类器。如图12.5所示,在全连接层中,输入特征图首先进行平铺操作,再对平铺后的数据进行加权操作,最终得到预测标签。

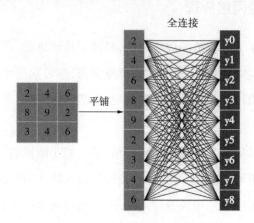

图12.5　全连接层运算示意图

12.2.2　目标检测算法

目标检测算法可分为one-stage目标检测算法和two-stage目标检测算法,二者的区别在于是否需要提前选取候选区域。如图12.6所示,two-stage目标检测算法需要提前选取候选区域,对候选区域进行分类和位置回归,而one-stage目标检测算法将特征提取、分类和回归都归于一个卷积神经网络进行操作。two-stage目标检测代表算法主要有R-CNN,Faster R-CNN、Mask R-CNN等;one-stage目标检测代表算法主要有YOLO系列和SSD等。

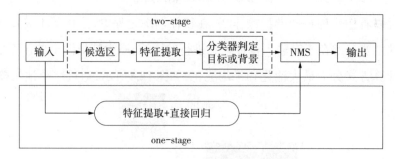

图12.6　one-stage和two-stage目标检测算法流程

一般来说,two-stage的目标检测算法要比one-stage的目标检测算法精度高[254],但随着YOLO系列的不断创新和发展,YOLO系列在识别精度上有了很大的提高。在某些场景下,YOLO系列目标检测算法在检测精度上优于two-stage的目标检测算法,本章将详细对one-stage目标检测算法中YOLO系列的YOLOv5作主要叙述。

YOLOv5[255]网络框架根据网络层数的不同,由深到浅分为 YOLOv5x、YOLOv5l、YO-LOv5m 和 YOLOv5s。本章对网络层数最浅的 YOLOv5s 网络框架进行深入研究,它由输入端、Backbone、Neck 和 Prediction 4 个部分组成[256],结构如图12.7所示。

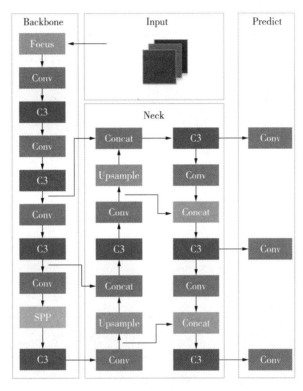

图12.7　YOLOv5s 网络结构示意图

输入端由数据增强和自适应锚框两个部分组成。Backbone 由不同数量的 Focus,CBL,SPP 及 C3 模块构成;Neck 模块采用 FPN+PAN 结构用于网络的特征融合;Prediction 端主要作用是完成 Bounding Box 的回归和目标的分类。Backbone 中的 Focus 模块主要对输入图像进行切片操作,可以减少整个网络的参数量和显存占用,增加前向和反向传播速度;CBL 模块由卷积层(Conv)、批量归一化(BN)和激活函数构成;SPP 模块通过设置池化核尺寸及 padding 值的大小使输出特征图宽高一致;C3 结构将基础层的特征映射划分为两个部分:一部分经过由多个全连接层构成的密集块和由多个 1×1 卷积构成的过渡层组成;另一部分直接与输出特征图结合,通过 1×1 卷积跨段连接的方式减少了网络的计算量,进一步提高了推理速度,同时也通过全连接层保证了检测的准确率。

12.3　本章小结

　　本章阐述了指针式水表读数识别检测过程中涉及的相关算法,包含机器视觉传统算法和深度学习算法。针对机器视觉传统学习算法,主要从图像预处理方法、Hough 变换、透视变换和仿射变换的原理进行介绍。对深度学习算法,介绍了目标检测网络的分类及主要代表算法和 YOLOv5s 网络结构。

第13章　基于机器视觉传统算法的指针式水表读数识别方法

通过大量的文献阅读和知识积累,结合指针式水表图像的特点,本章构建了一种基于机器视觉传统算法的指针式水表读数识别方法,水表读数识别步骤主要包括水表图像预处理、水表图像指针的提取、指针式仪表读数等阶段。

13.1　水表图像的预处理方案

13.1.1　水表图像灰度化及去噪

为了提高计算机的处理速度,该方法采用加权平均值法进行水表图像的灰度化[257]处理,其表达式为:

$$\text{Gray}_{ij} = W_R \times R_{ij} + W_G \times G_{ij} + W_B \times B_{ij}, \ i \in m, \ j \in n \tag{13.1}$$

式中　W_R, W_G, W_B——R,G,B通道上的权重系数,$m \times n$代表图像的尺寸。

为了提升算法的抗噪能力,同时保留水表图像的边缘信息,该方法采用高斯滤波处理仪表图像中的噪声干扰。

高斯滤波的本质是用像素临近加权值来代替该点的像素值,每一邻域像素点的权值是根据该点与中心点之间的距离决定的,而保留图像边缘信息与此有关。若距离卷积核中心很远的卷积边缘的权重仍然与卷积核中心的权重相同或相差不多,经过滤波器滤波后的图像,无法保留较好的边缘信息,甚至会导致图像失真。二维高斯函数,其表达式:

$$G(x,y) = \frac{1}{2\pi\sigma} \exp^{\frac{(x-x_0)^2 + (y-y_0)^2}{2\sigma^2}} \tag{13.2}$$

式中　x, y——卷积核内任意一点的坐标;

x_0, y_0——卷积核中心点坐标;

σ——高斯滤波的方差,决定平滑程度,σ越小,平滑程度越低;反之,平滑程度越高。

经过高斯滤波操作后,图像会变得模糊。再进行锐化处理,使图像变得更加整洁且颜色分明,方便子表盘指针检测,处理过程及结果,如图13.1所示。

（a）原图的灰度化　　　　　（b）高斯滤波　　　　　（c）锐化

图13.1　灰度化、高斯滤波和锐化处理结果

13.1.2　Hough变换检测水表表盘和分割表盘

由于水表安装环境复杂,避免因背景信息杂乱对指针信息的提取产生影响,需要将水表表盘区域与复杂的背景信息分离。本章利用Hough圆变换检测原理,检测圆形表盘。通过Hough圆变换,检测指针式水表圆形表盘的中心点坐标和半径等信息,并根据检测出的表盘信息对圆形表盘进行分割和提取,如图13.2所示为获取水表表盘的过程。

（a）水表原图　　　　　（b）检测水表表盘　　　　　（c）水表表盘

图13.2　获取水表表盘

13.1.3　水表表盘的校正

在水表图像采集过程中,当相机正对水表平面且不存在旋转情况时,获得的水表图像为标准的水表图像,此时的指针所指角度与读数均在正常映射范围内。当相机与表盘成一定立体角度或成平面角度拍摄时,会出现子表盘刻度分布不均匀的情况,随之指针角度与读数之间的映射会不准确,直接影响最终读数结果。为了保证读数结果的准确性,需要对水表图像进行校正处理。

通过透视变换实现表盘图像的校正,必须找到图像上距离合适且固定的4个关键点坐标。观察指针式水表结构,即8个圆形子表盘按环形顺序对称分布在水表表盘外边缘处,选择A,B,C,D这4点作为透视变换关键点坐标,如图13.3所示。

图13.3 透视变换关键点示意图

选取透视变换关键点:运用透视变换校正仪表图像,至少需要在待检测图像中选取4个关键点且任意3个关键点不共线构建透视变换的变换关系。

指针式水表表盘选取透视变换关键点,如图13.4所示,具体步骤如下:

①通过Hough变换,分别获取水表表盘中心点坐标(X_{basis}, Y_{basis})和8个子表盘中心点坐标$(X_{child-Center-i}, Y_{child-Center-i})$。

②比较每个子表盘的$Y_{child-Center-i}$和水表表盘的Y_{basis}的大小,并将子表盘坐标进行分类,分别为小于等于Y_{basis}和大于Y_{basis}两类。

③分别将小于等于Y_{basis}和大于Y_{basis}的两类坐标点以$X_{child-Center-i}$的大小进行排序,小于等于Y_{basis}的一类坐标点升序排序,大于Y_{basis}的一类坐标点降序排序。

④将升序排序的坐标$(X_{child-Center-i}, Y_{child-Center-i})$与降序排列的坐标$(X_{child-Center-i}, Y_{child-Center-i})$进行首尾连接。

⑤利用相邻坐标$(X_{child-Center-i}, Y_{child-Center-i})$、$(X_{child-Center-(i+1)}, Y_{child-Center-(i+1)})$和中心坐标$(X_{basis}, Y_{basis})$,通过式(13.3)、式(13.4)、式(13.5)计算,从而获得中心点夹角A。

$$k_1 = \frac{Y_{basis} - Y_{child-Center-i}}{X_{basis} - X_{child-Center-i}} \tag{13.3}$$

$$k_2 = \frac{Y_{basis} - Y_{child-Center-(i+1)}}{X_{basis} - X_{child-Center-(i+1)}} \tag{13.4}$$

$$A = \arctan\left(\frac{K_2 - K_1}{1 + K_1 \times K_2}\right) \tag{13.5}$$

⑥比较各个相邻子表盘与中心点夹角的大小,最大夹角所对应的两个相邻子表盘坐标$(X_{child-Center-i}, Y_{child-Center-i})$、$(X_{child-Center-(i+1)}, Y_{child-Center-(i+1)})$记做指针式水表的首子表盘和次子表盘。以首子表盘为首,次子表盘为次,得到顺时针排序后子表盘序列。

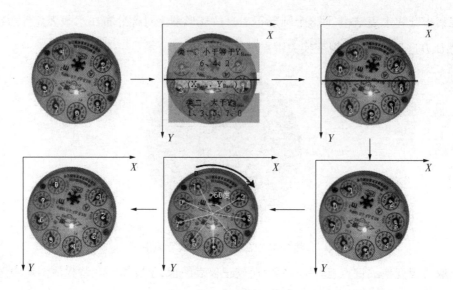

图 13.4　子表盘排序过程

透视变换对仪表表盘图像的校正：设 4 个透视变换的关键点的坐标为 (x_i, y_i)，其中 $i = 1, 2, 3, 4$，以规定大小为 500×500 像素的多指针仪表表盘图像填充像素的左上角为原点，根据关键点在原始仪表表盘图像的像素距离和关键点距图像边沿的像素距离。设 4 个关键点对应透视变换后的点对坐标为 (u_i, v_i)，其中 $i = 1, 2, 3, 4$，根据透视变换前后关键点对应的关系，可得

$$
\begin{cases}
u = \dfrac{a_1 x + a_2 y + a_3}{a_7 x + a_8 y + a_9} \\[2mm]
v = \dfrac{a_4 x + a_5 y + a_6}{a_7 x + a_8 y + a_9}
\end{cases}
\tag{13.6}
$$

式中 $a_1 \sim a_9$ 为透视变换的变换系数，其中设 $a_9 = 1$，通过相应变换，式（13.6）可变为式（13.7）。

$$
\begin{cases}
u = a_1 x + a_2 y + a_3 - a_7 u x - a_8 u y \\
v = a_4 x + a_5 y + a_6 - a_7 v x - a_8 v y
\end{cases}
\tag{13.7}
$$

根据式（13.7），将 4 组不共线的仪表表盘图像的透视变换前后关键点代入，可得

$$
\begin{cases}
u_1 = a_1 x_1 + a_2 y_1 + a_3 - a_7 u x_1 - a_8 u y_1 \\
u_2 = a_1 x_2 + a_2 y_2 + a_3 - a_7 u x_2 - a_8 u y_2 \\
u_3 = a_1 x_3 + a_2 y_3 + a_3 - a_7 u x_3 - a_8 u y_3 \\
u_4 = a_1 x_4 + a_2 y_4 + a_3 - a_7 u x_4 - a_8 u y_4 \\
v_1 = a_4 x_1 + a_5 y_1 + a_6 - a_7 v x_1 - a_8 v y_1 \\
v_2 = a_4 x_2 + a_5 y_2 + a_6 - a_7 v x_2 - a_8 v y_2 \\
v_3 = a_4 x_3 + a_5 y_3 + a_6 - a_7 v x_3 - a_8 v y_3 \\
v_4 = a_4 x_4 + a_5 y_4 + a_6 - a_7 v x_4 - a_8 v y_4
\end{cases}
\tag{13.8}
$$

式(13.8)中,8个方程求8个未知数,可知$a_1 \sim a_8$可求,故透视变换矩阵为:

$$M = \begin{bmatrix} a_1 & a_2 & a_3 \\ a_4 & a_5 & a_6 \\ a_7 & a_8 & a_9 \end{bmatrix} \tag{13.9}$$

基于式(13.9)中透视变换的变换系数,将仪表图像中的每个像素点进行透视变换,得到透视变换后的多指针仪表表盘图像,由此校正指针式水表图像。校正水表表盘校正过程,如图13.5所示。

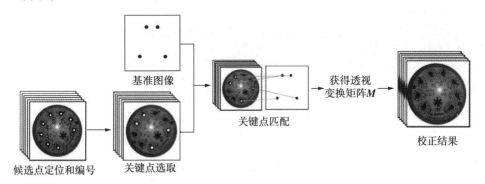

图 13.5　仪表表盘校正

13.2　水表指针识别方案

13.2.1　子表盘检测与分割

由于指针在仪表图像中较小,且仪表表盘内有齿轮转子等干扰信息,即使仪表表盘已经被精准提取,但指针信息却不能完整提取,齿轮转子等干扰信息将对指针提取产生较大影响。为更有效地解决指针提取等问题,本章再次对子表盘进行分割,突出子表盘有效信息且对仪表表盘中干扰指针检测的信息进行过滤处理。

为了准确分割出子表盘图像,采用边缘检测中的Canny算法来表达仪表表盘图像的基本特征。Canny算法原理[258]:待检测图像进行灰度化、高斯滤波处理;通用Sobel算子,得到图像在x,y方向上的梯度$G_x(x,y)$、$G_y(x,y)$。如式(13.10)和式(13.11),分别计算图像中任意一点(x,y)的梯度$G(x,y)$和梯度方向θ,其示意图如图13.6所示。

$$G(x,y) = \sqrt{G_x(x,y)^2 + G_y(x,y)^2} \tag{13.10}$$

$$\theta = \arctan \frac{G_y(x,y)}{G_x(x,y)} \tag{13.11}$$

采用非极大值抑制(Non_maximum Suppresion,NMS)消除边缘像素误检,遍历梯度矩阵,

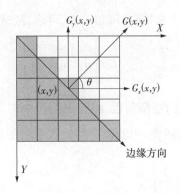

图 13.6 梯度 $G(x, y)$ 和方向 θ 示意图

找到局部像素点梯度最大值作为边缘像素,再利用双阈值方法获取漏检边缘像素。分别设定高梯度阈值 G_H 和低梯度阈值 G_L,若边缘像素梯度值大于 G_H,则将其标定为强边缘像素;若边缘像素梯度值小于 G_L,则舍去;若边缘像素值介于 G_H 和 G_L 之间,则将其标定为弱边缘像素。只要该弱边缘像素的8个邻域有强边缘像素,则该边缘像素由弱转强,反之,弱边缘像素被舍弃。因此,Canny算法具有抗干扰能力强且边缘连续性好等特点,可以较好地突显校正后多指针仪表图像的边缘特征。对边缘检测处理后的图像进行 Hough 圆检测,进而得到校正后子表盘的中心点坐标和半径,以检测出子表盘的基本位置信息,如图13.7所示。

图 13.7 子表盘检测

通过子表盘位置信息和半径,利用阈值分割法将子表盘进行分割,以半径大小为阈值 L,中心点为基点,计算仪表图像中的所有像素点与基点的距离 D,设定一个与仪表表盘等大的空白模板图像,接着比较 L 与 D 的大小,若 D 小于 L,则将仪表表盘该像素的像素值赋值到模板相应像素的像素值;反之,若 D 大于 L,则将模板上对应像素的像素值设为255。分别以各基点为分割中心点,根据候选点的编号顺序,将模板上方圆 L 个像素进行分割,如图13.8所示。

图 13.8 子表盘分割结果

13.2.2　子表盘指针提取

指针式仪表样式繁多,本方案所研究的仪表实例指针较为短小,属于指针类型中不常见的水滴形指针,常见的霍夫变换拟合直线算法并不适用于定位本章中水滴形指针,本章结合图像二值化、灰度化、形态学中的黑帽运算,实现子表盘中水滴形指针进行定位和提取。

二值化采用阈值分割思想[259],根据灰度化子表盘图像,设定阈值T,然后将该灰度图像的全部像素值与阈值T进行比较,即

$$f(x,y) = \begin{cases} 255, f(x,y) > T \\ 0, f(x,y) \leqslant T \end{cases} \tag{13.12}$$

式中　T——阈值;

　　$f(x,y)$——坐标(x,y)的像素值。

经过多次测试,二值化可以保留表盘的重要特征,如表盘边缘、刻度数字和指针。针对本章提出的基于机器视觉传统算法而言,指针这一特征的提取是判定读数的关键,内核矩阵为6×6的黑帽运算,可以突出表盘边缘、刻度数字等较小连通域并将其像素值变为255。将黑帽运算得到的图像和二值化图像做加运算,得到指针图像,子表盘指针分割模块如图13.9所示。

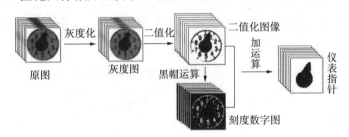

图13.9　子表盘指针分割模块

13.3　水表指针示数判读方案

13.3.1　指针偏移角度的计算

得到指针分割图像后,采用角度法对各子表盘示数进行判读,其工作原理是通过偏移角度与示数的关系,获取子表盘示数。

基于指针分割图像,采用轮廓检测的方式,获取指针轮廓坐标点$(X_{\text{Contours}-i}, Y_{\text{Contours}-i})$的点集;通过指针图像,计算分割出的指针像素点横纵坐标的均值,得到指针重心坐标(X_{g-i}, Y_{g-i});根据式(13.13),计算指针重心坐标(X_{g-i}, Y_{g-i})与轮廓坐标点$(X_{\text{Contours}-i}, Y_{\text{Contours}-i})$的欧

式距离,将最大欧式距离值对应的轮廓点坐标设为针尖点的坐标(X_{tip}, Y_{tip})。

$$d_i = \sqrt{\left(X_{g-i} - X_{contours-i}\right)^2 + \left(Y_{g-i} - Y_{contours-i}\right)^2} \tag{13.13}$$

以指针重心方向为原点,设二维坐标系,指针方向与Y轴方向的夹角确定指针夹角θ_i,根据式(13.14),$\sin\theta_i$和$\cos\theta_i$的正负值判断角度r_i与$\arcsin(\sin\theta_i)$之间的关系,通过式(13.15)计算偏移角度r_i。

$$\begin{cases} \sin\theta_i = \dfrac{Y_{tip} - Y_{g-i}}{d_i} \\ \cos\theta_i = \dfrac{X_{tip} - X_{g-i}}{d_i} \end{cases} \tag{13.14}$$

$$r_i = \begin{cases} \arcsin(\sin\theta_i), & \sin\theta_i > 0, \cos\theta_i > 0 \\ \pi - \arcsin(\sin\theta_i), & \sin\theta_i > 0, \cos\theta_i < 0 \\ \pi - \arcsin(\sin\theta_i), & \sin\theta_i < 0, \cos\theta_i < 0 \\ \arcsin(\sin\theta_i) + 2\pi, & \sin\theta_i < 0, \cos\theta_i > 0 \end{cases} \tag{13.15}$$

13.3.2　子表盘指针示数的获取

由于子表盘刻度值呈均匀分布,各子表盘示数与偏移角度r_i的关系见表13.1,判定子表盘示数。

表13.1　子表盘示数与偏移角度r_i的关系

偏移角度r_i	子表盘示数
$\left[0 - \dfrac{\pi}{5}\right)$	0
$\left[\dfrac{\pi}{5} - \dfrac{2\pi}{5}\right)$	1
$\left[\dfrac{2\pi}{5} - \dfrac{3\pi}{5}\right)$	2
$\left[\dfrac{3\pi}{5} - \dfrac{4\pi}{5}\right)$	3
$\left[\pi - \dfrac{6\pi}{5}\right)$	5
$\left[\dfrac{6\pi}{5} - \dfrac{7\pi}{5}\right)$	6
$\left[\dfrac{7\pi}{5} - \dfrac{8\pi}{5}\right)$	7
$\left[\dfrac{8\pi}{5} - \dfrac{9\pi}{5}\right)$	8
$\left[\dfrac{9\pi}{5} - 2\pi\right)$	9

13.3.3　指针式水表读数的判读

根据计量单位由大到小的顺序得到各子表盘示数,再按照各子表盘示数与其对应的计量单位做积并累加的规定进行计算得到多指针水表读数。由于各子表盘代表的计量单位不同,计算读数方法如式(13.16),实现子表盘示数的拼接,最终得到多指针水表读数结果。

$$result = \sum read_i \times QU_i \tag{13.16}$$

式中　$read_i$($i = 1, 2, ..., 8$)——第i个子表盘的示数;

QU_i($QU_i = 1\,000, 100, ..., 0.001$)——第$i$个子表盘的计量单位,m³。

13.4　实验结果与分析

在机器视觉传统算法检测指针式水表读数检测的实验中,实验数据为100张指针式水表图像,指针式水表的子表盘总数为800个。子表盘读数识别实验结果分析和统计,见表13.2。

表13.2　子表盘读数识别误差原因统计

实验数据	误差原因1	误差原因2	误差原因3	总数
子表盘个数/个	103	16	22	141
占总数比/%	12.875	2	2.75	17.625
占误差比/%	73.05	11.34	15.60	99.99

子表盘读数误差分析1:当子表盘指针被污染源遮挡时,遮挡面积较小的记为误差原因1,如图13.10(a)所示。当指针式水表图像进行二值化时,在指针图像上形成孔洞,干扰子表盘指针重心坐标的计算,进而影响子表盘指针偏移角度的计算,最终影响读数。实验数据中,此类子表盘有103个,占总数的12.875%,占误差比最大为73.05%。

子表盘读数误差分析2:因遮挡面积过大引起的误差,记为误差原因2,如图13.10(b)所示,甚至可能遮挡住整个指针,导致读数失败,必须重新获取水表图像或直接分配到人工读数区域,人工进行读表。

子表盘读数误差分析3:因指针式水表子表盘实物不准确引发的误差,记为误差原因3,如图13.10(c)所示,影响读数结果,导致读数误差。本章提出的算法将一号子表盘、二号子表盘分别读数结果为9,0,但人工可以联系二号子表盘的读数判定一号子表盘表读数为0,

这类问题水表较少,算法暂时无法处理,需交到人工处,人工对水表进行判读。

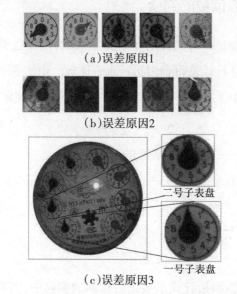

(a)误差原因1

(b)误差原因2

二号子表盘

一号子表盘

(c)误差原因3

图13.10 表盘读数误差原因

误差解决方法1:针对图13.10(a)误差原因1,本实验在获取指针重心前,采用二值化孔洞填充方法,解决了75个子表盘因光点或脏污遮挡问题造成的误差,误差率减少至3.5%。

若遮挡在指针边缘或针尖点附近,孔洞填充也不能解决此类问题。遗留问题子表盘见表13.3,分别占所有实验数据子表盘的3.5%,2%,2.75%,问题子表盘占实验数据总和的8.25%,本算法的准确率可以达到91.75%。

表13.3 误差解决方法1后统计

实验数据	误差原因1	误差原因2	误差原因3	总数
子表盘个数/个	28	16	22	56
占总数比/%	3.5	2	2.75	8.25

误差解决方法2:子表盘示数作为多指针水表读数的基础,子表盘示数有误差的情况下,若计数单位较大,对应的多针水表误差也较大;若计数单位较小,对应的多指针水表误差则较小。针对此类问题,水务公司可按照实际情况自行设置误差系数 α,β,再计算当月水表读数 result 与用户用水量均值 r 之比,若该比值在 $[\alpha,\beta]$ 范围内,则视为本算法读取的水表读数是准确的,直接将该水表读数读入数据库中,再利用该读数更新此用户用水均值,否则,将该水表记为问题水表传输至人工通道,人工进行读表,上传读数数据。

13.5　本章小结

本章主要叙述了基于机器视觉传统算法的指针式水表读数检测方案,水表图像预处理采用的是灰度化和高斯滤波进行图像去噪,Hough 变换检测圆形表盘,利用子表盘的绝对位置和透视变换算法校正水表表盘。再运用 Hough 变换检测子表盘并分割,用二值化结合黑帽运算将各个指针分割,计算指针的图像重心,通过重心与指针边缘的距离找出针尖点,通过计算指针所指的角度,得到指针读数。

第14章 基于深度学习算法的指针式水表读数识别方法

14.1 方案设计

本章主要研究指针式水表读数识别方法,由于第13章介绍的基于机器视觉传统算法进行识别过程对指针式水表图像质量要求较高,因此,本章引入深度学习算法对指针式水表图像进行读数识别,有效降低了光照不均匀、水表表面雾化严重等问题对读数识别的影响。利用指针式水表与其他仪表在读数规则上的差异性进行深度学习方案的设计,指针式水表的读数由各个子表盘的读数组成,且在读取子表盘时不需要进行读数精度上的取舍,每个子表盘的取值范围是0~9的整数值。本章采用读数即类别的思想,对指针式水表中的子表盘使用目标检测算法,对子表盘的读数进行分类。首先利用目标检测算法对指针式水表的子表盘区域进行检测,检测并识别出指针式水表中各个子表盘的读数类别及位置信息,再利用读数算法结合各子表盘的位置信息将检测出的类别进行排序,最终得到完整的指针式水表读数信息。

基础模型采用的YOLOv5s网络模型,因其速度快、模型小等实质性优点,适合做优化的基础模型。本方案的技术路线,如图14.1所示。首先,在输入端采用Mosaic和Mixup相结合的方法进行数据增强,丰富指针式水表数据集,提高模型的泛化能力;其次,将特征融合网络中的PAN+FPN网络替换成BiFPN加权双向特征金字塔网络,提高网络融合的能力,降低误检率和漏检率;接着,在特征融合网络中嵌入CBAM注意力机制,加强网络捕捉关键信息的能力;最后,将损失函数CIoU替换成为SIoU损失函数,提高边框回归精度。

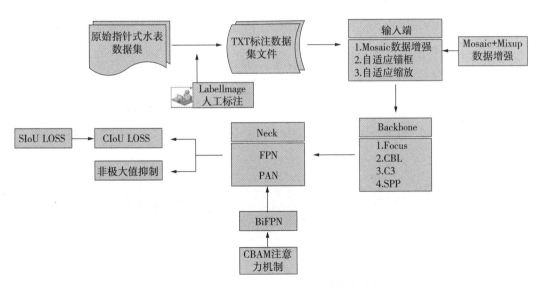

图 14.1 改进 YOLOv5s_DCBS 的技术路线

14.2 基本模块

14.2.1 Focus模块

Focus模块[260]进行的切片处理,类似于下采样操作,但常见的下采样操作都是以丢失图像部分信息作为牺牲实现特征层降维,特征层降维可以增加局部感受野,减少模型参数数量的作用。Focus模块在没有丢失图像特征信息的条件下进行两倍下采样,其主要思想如图14.2所示。

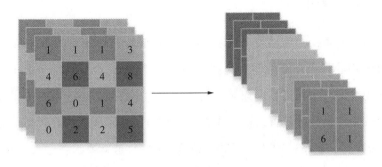

图 14.2 Focus模块中主要思想示意图

Focus采用间隔采样法,将输入图像的每个通道特征图分成4等分,特征图的宽度和高度缩小至原来的一半,输入图像为三通道RGB图像,经过Focus模块后就将原始的三通道特征图变为十二通道特征图,图像宽高尺寸由原来的$4n×4n$特征图变为$2n×2n$特征图,特征信息之间互补,没有图像信息丢失。

C3模块在YOLOv5中,不仅出现在骨干网络中用于特征提取,也出现在特征融合网络中用于特征融合,采用跨阶段合并的策略。

C3模块结构图如图14.3所示,该模块把输入特征送向两个支路,分别为一个标准卷积CBL构成的支路和由标准卷积及多个残差网络组成的支路,再将这两个支路输出的特征图通过Concat融合,最后经过一个标准卷积。CBL模块由卷积操作、批标准化操作和激活函数构成。

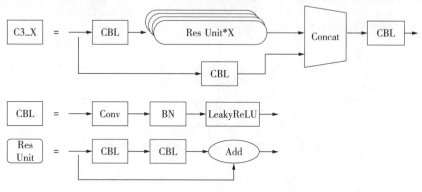

图14.3 C3模块示意图

由于训练过程需要多次连续求导,网络层数越深,求导次数越多,导数最后可能为0,导致网络参数无法更新,发生梯度消失。当网络层数达到一定程度时,training accuracy 会趋于饱和,随后可能会下降,导致深层网络的训练结果不如浅层网络,从而引起网络退化。Resunit 可解决网络退化现象,思想是加入一条残差边,即从残差块(Resunit)的输入端引入一条直接到输出端的支路,可以通过残差边直接将低层特征传给高层特征。通俗地讲,如果某个网络层学习效果差,那么残差边的引入就可以使网络跳过这些网络层。

14.2.2 SPP模块

卷积神经网络从整体上看主要分为3个部分,分别是卷积层、池化层和全连接层。全连接层会将经过卷积层和池化层处理后的特征综合起来,每一个节点都与上一层所有的特征通过加权求和的线性方法相连。全连接层的每一个输出都可以看作前一层的每一个节点乘上一个权重系数 W 加上一个偏置值 b,权重系数和偏置的个数及大小在配置网络时就已经提前设置,不会随着前一层特征的节点个数的改变而改变,这就要求在输入图像时,固定图像的尺寸。但固定图像尺寸在传统算法中就需要对图像进行拉伸或裁剪等操作,而这些操作会导致图像失真、图像不完整等,在一定程度上影响图像质量,导致重要特征信息丢失,进而导致卷积神经网络识别精度下降。

SPP的提出解决了上述问题,结构如图14.4所示,其主要思想是将输入的特征图分成4条支线,每条支线分别用固定大小的网格对特征图进行切分,分成固定个数的特征子图,再分别对这些子图进行最大池化操作,最后得到一个固定大小的特征向量,由此得到固定大小的特征图输入全连接层。

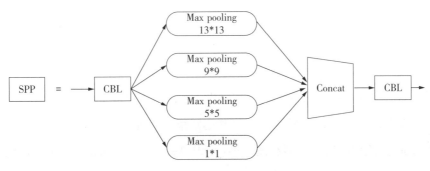

图 14.4　SPP 模块的结构图

14.3　数据增强

对于深度学习网络而言,在目标检测任务中,模型的好坏在很大程度上取决于训练数据集的数量和数据集的多样性。在现实中,数据集却是有限的,采集并制作数据集的成本很高,所以需要通过一些方法丰富已有的数据集。数据增强是通过计算机生成数据从而增加数据量的一种策略,可以提高模型的鲁棒性。

本章主要采用 Mosaic 和 Mixup 相结合的方法进行指针式水表图像的数据增强处理,如图 14.5 所示。此方法可以使模型学习到更多雾化指针式水表图像的特征,提高模型对雾化严重的指针式水表图像读数的准确率。

图 14.5　数据增强结果

14.3.1 Mosaic数据增强

Mosaic 数据增强是 YOLOv4 中提出的数据增强策略之一,主要思想是在训练集中随机抽取 4 张图像,通过传统的随机平移、缩放、裁剪、旋转等方法使这 4 张图像发生形态上的改变,然后随机进行拼接,将这 4 张图片拼接成 1 张图片。Mosaic 数据增强一方面,可以使训练的图像更加多样,避免模型学到较为单一化的特征,在一定程度上降低了网络发生过拟合的概率。另一方面,由于输入图像是由 4 张图像通过缩放等操作拼接而成的,增加了数据集中小目标数据量,因此训练后的模型有助于小目标图像的检测,从而提高模型的泛化能力。

14.3.2 Mixup数据增强

2017 年,Mixup 数据增强方法被提出,它是一种简单有效的数据增强方法。其原理是在训练集中随机抽取 2 张图像,然后按照一定的透明度权重进行加权求和,同时这两张图像的标签文件也对应地加权求和,从而生成新的样本,使新样本中具有两个样本信息。其计算式为:

$$\text{image\_mixed} = \lambda \times \text{image}_1 + (1 - \lambda) \times \text{image}_2 \tag{14.1}$$

$$\text{label\_mixed} = \lambda \times \text{label}_1 + (1 - \lambda) \times \text{label}_2 \tag{14.2}$$

式中　image1,image2——随机抽取的两张图;

　　　label1,label2——标签文件的 one-hot 编码;

　　　λ——服从 Beta 分布属于[0,1]。

Mixup 数据增强方式可以使两张图像甚至多张图像的信息混合到一张图像中,正是有这样的特点,可以达到多倍训练效果,这种数据增强方式不仅可以减少内存的占用,降低对计算机显存的要求,还能在单幅图像中提高模型多目标检测的能力,进一步提高模型的鲁棒性。

14.4　CBAM注意力机制模块

为了解决在神经网络学习中信息过载的问题,提高图像处理效率和准确性,本章引入通道与空间注意力模型 CBAM。类似于人类的视觉系统,在大量信息中,获取重点关注的信息。CBAM 注意力模块结构如图 14.6 所示,CBAM 注意力模型主要由通道注意力 CAM 模块和空间注意力 SAM 模块构成,利用 CAM 模块得到通道注意力权重 MC,利用 SAM 模块得到空间注意力权重 MS,故 CBAM 注意力模型既兼顾了空间维度上特征信息的重要程度,又兼顾了通道维度上特征信息的重要程度,实现对特征图上的关键信息聚焦、对其他信息关注度降低。

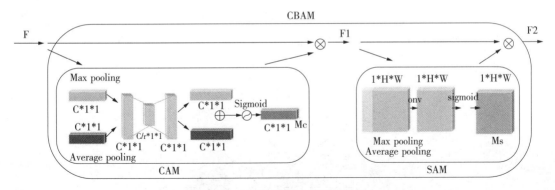

图14.6　CBAM注意力模块结构图

本章在特征融合网络中添加了CBAM注意力机制模块,结构如图14.7所示,在不增加模型参数量的前提下,加强了模型对通道特征和对空间特征的学习,以获取特征层更有意义的特征信息和精确的位置信息。

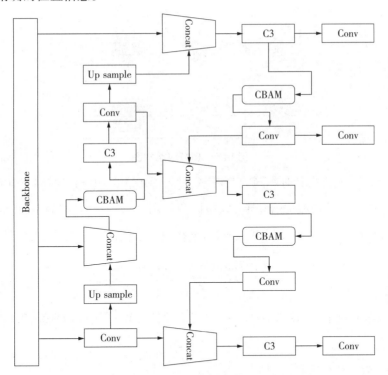

图14.7　添加CBAM注意力机制模块后的特征融合网络结构

14.5　BiFPN加权双向特征融合金字塔

本章采用BiFPN加权双向特征金字塔结构实现更高效的多尺度融合,其结构如图14.8

所示。由于只有一个输入路径的节点对特征融合网络的贡献度较低,因此为减少参数将此类节点剔除,从某方面来看,此做法可以减少参数,但在一定程度上引起特征信息丢失问题。为了使模型融合更多特征,BiFPN结构在输入节点和输出节点之间建立了一条融合路径,以便实现更高层次的特征融合。

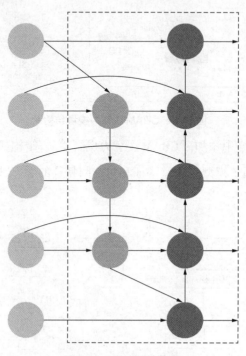

图14.8 BiFPN结构图

考虑不同的输入特征具有不同的分辨率,引入了BiFPN。BiFPN结构在融合不同分辨率的特征时,增加了一种加权融合机制,以便区分不同输入特征对输出特征的贡献程度。对此,为了增加模型在计算时的稳定性,BiFPN结构引入了快速归一化的方法,即

$$Out = \sum_j \frac{w_i}{\varepsilon + \sum_j w_j} \cdot In_i \qquad (14.3)$$

式中 W——学习权重,且在激活函数的作用下保证 $W \geq 0$,通常 ε 取 0.00001,用来避免数值不稳定;

In_i——输入特征图;

Out——特征融合后的结果。该方法将每个权重归一化,权重值在[0,1]之间,以确保训练时网络模型的相对稳定。

经过引入BiFPN加权双向特征金字塔模块的YOLOv5s网络模型改进结构,如图14.9所示。

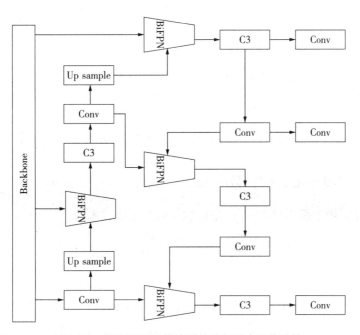

图 14.9　替换 BiFPN 模块后的特征融合网络结构

14.6　SIoU损失函数

SIoU 是在真实框和检测框之间角度不匹配的问题提出的方法,不仅解决了算法在模型训练过程中预测框在真实框附近震荡的问题,还解决了收敛速度慢且效率低的问题。本章将 YOLOv5s 中 CIoU 损失函数替换为 SIoU 损失函数,增加了角度惩罚项,在惩罚指标上做进一步改进,从方向上减少自由度的数量,从而提高模型训练速度和推理的准确性。如图 14.10 所示,其思想是先通过角度成本沿 X 方向或 Y 方向将预测框中心坐标推到与真实框中心坐标齐平的位置,再沿着相关方向继续接近进真实框的中心坐标。

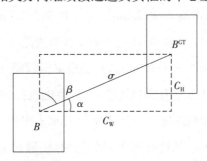

图 14.10　角度成本计算示意图

SIoU 损失函数由角度成本、距离成本、形状成本以及 IoU 成本这 4 个成本函数组成,即

$$L_{\mathrm{SIoU}} = 1 - \mathrm{IoU} + \frac{\Delta + \Omega}{2} \tag{14.4}$$

式中 IoU——真实框与预测框的交并比；

　　Δ——真实框与预测框之间的距离损失；

　　Ω——真实框与预测框之间的形状成本。

角度成本的定义，其表达式为：

$$\Lambda = 1 - 2\sin^2\left(\arcsin(\sin\alpha) - \frac{\pi}{4}\right) = 1 - 2\sin^2\left(\arcsin\left(\frac{C_h}{\sigma}\right) - \frac{\pi}{4}\right) \tag{14.5}$$

式中 若 $\alpha \leqslant \dfrac{\pi}{4}$，则最小化 α；否则，最小化 β。

角度成本 Λ 应用于距离成本，引入角度成本后的距离成本为：

$$\Delta = \sum_{t=x,y}(1 - e^{-\gamma\rho_t}) = \sum_{t=x,y}(1 - e^{-(2-\Lambda)\rho_t}) \tag{14.6}$$

其中，形状成本为：

$$\Omega = \sum_{t=w,h}(1 - e^{-W_t})^\theta = (1 - e^{-W_w})^\theta + (1 - e^{-W_h})^\theta \tag{14.7}$$

式（14.7）中，W_w,W_h 为：

$$\begin{cases} W_w = \dfrac{|w - w^{gt}|}{\max(w,w^{gt})} \\ W_h = \dfrac{|h - h^{gt}|}{\max(h,h^{gt})} \end{cases} \tag{14.8}$$

式中 w,h,w^{gt},h^{gt}——预测框和真实框的宽高；

　　θ——对形状成本的关注程度。

14.7　模型的整体结构

改进后的 YOLOv5s 模型由输入端（Input）、主干网络（Backbone）、瓶颈网络（Neck）和预测头（Predict）构成。如图14.11所示，指针式水表图像首先进入输入端，Mosaic 和 Mixup 数据增强方式实现指针式水表数据集的特征扩充，自适应锚框策略计算数据集的最佳锚框值，缩小预测框与真实框的差距，自适应图像缩放策略，避免随机拉伸使图像形变、随机填充增多冗余信息，从而提高检测精度和速度。然后将指针式水表图像传入主干网络中通过多层网络提取图像特征，再将不同大小的特征图传到瓶颈网络，通过上下采样法、CBAM特征筛选以及 BiFPN 网络融合做特征融合，最后预测头接受3种固定尺寸的特征图，通过非极大值抑制策略和 SIoU_LOSS 函数回归预测框的位置、类别和置信度。

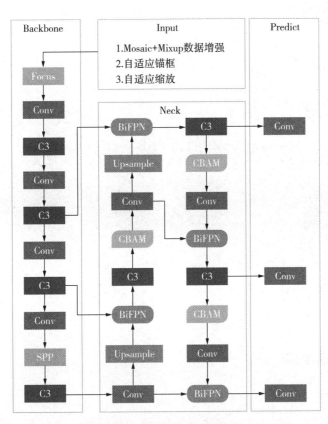

图14.11 改进后整体网络结构

14.8 本章小结

本章构建了基于改进 YOLOv5s 的指针式水表读数识别模型,首先介绍了模型中的 Focus,C3 及 SPP 基本模块的结构和作用;随后阐述了 Mosaic 数据增强和 Mixup 数据增强的原理意义;其次叙述了 CBAM 注意力机制的作用原理和加入 CBAM 注意力机制的目的;接着说明了 BiFPN 加权双向特征融合金字塔与 PAN+FPN 结构的差异、BIFPN 思想及优势;然后介绍了 SIoU_LOSS 函数的惩罚项及引入 SIoU_LOSS 函数的意义;最后阐述了改进的 YOLOv5s 整体网络架构及指针式水表图像读数检测流程。

第15章　基于深度学习算法的指针式水表读数识别方法实验

15.1　数据处理

15.1.1　数据采集

本章所使用的指针式水表数据集是由××市某供水公司抄表员工采集,采集方式是使用手机后置摄像头对真实场景下的水表进行拍摄,可以保证指针式水表数据图像的真实有效性,部分水表图像数据如图15.1所示。

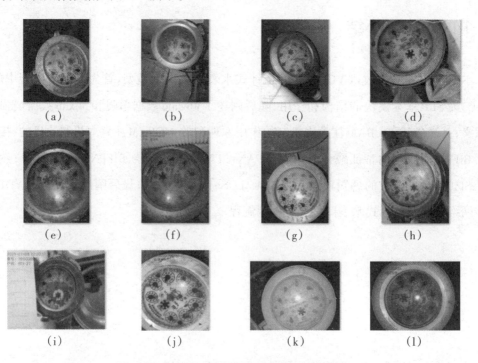

图15.1　指针式水表数据集中的部分水表图像

15.1.2 数据集标注

本章使用LabelImg标注工具,工作界面如图15.2所示。标注规则为:水表子表盘0~9的读数结果作为标签进行分类标注,标注框包含整个子表盘,并且每个标注框仅包含一个子表盘。实验按照14:3:3的比例将数据集划分为训练集、验证集和测试集。

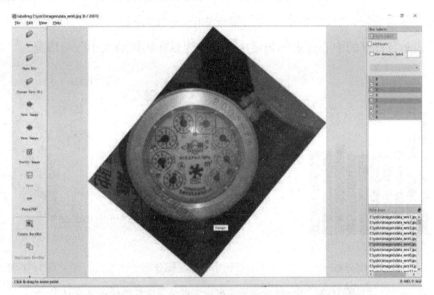

图15.2 LabelImg标注示例图

15.1.3 数据集格式转换

YOLOv5s中数据集读取标签的格式是txt文件,txt文件存储的是归一化后标注框中心点坐标、宽和高的位置信息和类别信息,而采用LabelImg标注工具得到的标签文件格式是PASVAL VOC XML。XML文件主要以标注框的左上角和右下角的坐标记录该标注框的位置信息,因此需要将LabelImg自动生成的标签文件通过式(15.1)至式(15.4)得到XML文件转化为YOLOv5s能读取的txt格式。

$$x = \frac{x_{\min} + x_{\max}}{2 \times w} \tag{15.1}$$

$$y = \frac{y_{\min} + y_{\max}}{2 \times h} \tag{15.2}$$

$$w = \frac{x_{\max} - x_{\min}}{2} \tag{15.3}$$

$$h = \frac{y_{\max} - y_{\min}}{2} \tag{15.4}$$

其中,$(x_{\min}, y_{\min})$为标注框左上角的坐标信息,$(x_{\max}, y_{\max})$为标注框右下角的坐标信息,

(x,y)为归一化后标注框的中心点坐标,w和h分别表示归一化后标注框的宽和高。

15.1.4 数据集的统计与分布

为了方便观测和分析数据集对实验结果的影响,指针式水表子表盘标注框位置信息的分布情况如图15.3所示。图(a)为数据集中不同类别目标的数量分布,从图中观测,类别目标个数分布较为均匀,不会因样本不均匀带来影响;图(b)为归一化后目标中心点位置分布,颜色越深表示目标框的中心点坐标越集中;图(c)为目标物体的大小分布情况。

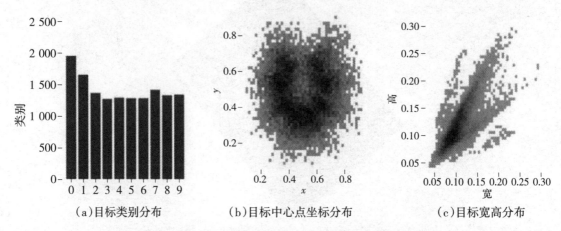

(a)目标类别分布   (b)目标中心点坐标分布   (c)目标宽高分布

图15.3 指针式水表子表盘标注框位置信息的分布情况

15.2 实验环境的搭建

本实验的运行环境,CPU:15vCPU Inter(R) Xeon(R) Platinum 8358P CPU @ 2.60 GHz;运行内存90 GB。GPU:RTX 3090;显存:24 GB。镜像:ubuntu 18.04;Python 3.8;PyTorch 1.7.0;CUDA版本为11.0。

15.3 模型的评估指标

为了验证第14章提出的基于YOLOv5s改进模型的检测精度,本章将以精确率(Precision)、召回率(Recall)、调和平均值(F1 score)、交并比(Intersection of Union,IoU)以及均值平均精度(mean Average Precision,mAP)、GFLOPS(计算量)、parameters(参数量)、FPS(检测速率)作为实验结果的评估指标,对本章设计的实验进行详细分析。

精确率也称为查准率,表示在所有预测值为正例的样本中,真实值也为正例所占的比例,如式(15.5)。召回率也称为查全率,表示所有真实值为正例的样本中,预测也为正例所占的比例,如式(15.6)。F_1值为查准率和查全率的调和平均值,如式(15.7)。Precision 和 Recall 的值域均为 0~1,若 Precision 为 1,则 $FP = 0$,表示没有出现误检。若 Recall 为 1,则 $FN = 0$,表示没有出现漏检。通常情况下,Precision 越大则 Recall 越小,通过设置不同的 IoU 阈值,可得不同的 Precision 值和 Recall 值。AP 平均精度为单类目标检测指标,在 P-R 曲线中代表曲线和坐标轴围成的面积,如式(15.8)。mAP 均值平均精度为多目标检测指标,如式(15.9),即对各个类别的平均精度取 n 个类别的平均值。

$$Precision = \frac{TP}{TP + FP} \tag{15.5}$$

$$Recall = \frac{TP}{TP + FN} \tag{15.6}$$

$$F_1 = \frac{2 \times Precision \times Recall}{Precision + Recall} \tag{15.7}$$

$$AP = \int_0^1 P(r)\mathrm{d}(r) \tag{15.8}$$

$$mAP = \frac{\sum_{i=1} AP_i}{n} \tag{15.9}$$

式中的变量意义见表15.1。

表 15.1　TP,TN,FP,FN 的变量意义

真实	预测	
	P	N
T	TP (预测是该类别真实也是该类别)	FN (预测不是该类别真实也不是该类别)
F	FP (预测为该类别真实不是该类别)	TN (预测不是该类别真实是该类别)

GFLOPS 表示处理一张图像所需的浮点运算数量,与软硬件无关,可以公平比较不同算法之间的计算量;parameters 体现了模型占用磁盘空间的大小;FPS 表示网络每秒可以处理的图像数量,可用于衡量模型的检测速率。

15.4　实验结果与分析

SIoU 是在真实框和检测框之间角度不匹配的问题提出的方法,首先对比 SENet,CBAM 和 CA 注意力机制在不同网络结构中的作用效果,综合分析检测结果,选择合适的注意力机制和合适的位置;其次对比 CIoU,EIoU,AlphaIoU 和 SIoU 等损失函数在 YOLOv5s 网络中的不

同效果,选择效果最优的损失函数,对其结果进行分析;再将数据增强、加权双向特征融合金字塔、注意力机制和损失函数4个改进点相互组合做消融实验,观察不同改进方法对网络的提升情况;最后将改进的YOLOv5s模型与现阶段流行的目标检测模型做对比,验证本章提出的改进网络在指针式水表读数检测上具有的优势。

15.4.1 数据增强对比实验

为了使模型学习更多关于雾化水表表盘的读数特征,增强模型检测雾化表盘的鲁棒性和泛化性,从而提升模型的检测精度。本章在原有的缩放、裁剪、旋转、透视变换、Mosaic等数据增强方法的基础上,引入了Mixup数据增强的方式对指针式水表图像进行处理,数据增强的参数列表设置见表15.2。

表15.2 数据增强的参数列表设置

数据增强方法	参数设置
Hsv_h	0.015
Hsv_s	0.7
Hsv_v	0.4
Translate	0.3
Scale	0.5
Shear	0.3
Perspective	0.000 5
Flipup	0.2
Fliplr	0.2
Mosaic	1.0
Mixup	0.6

实验结果见表15.3,证明引入Mixup数据增强方式(DE)使模型检测精度更高,mAP@0.5相较没引入Mixup数据增强的原YOLOv5s提高了0.8%。

表15.3 原模型数据增强与本章设计的数据增强参数结果

模型	Recall/%	Precision/%	mAP@0.5/%	mAP@0.5:0.95/%	GFLOPS	模型参数量	FPS(f·s⁻¹)
原模型	92.1	89.3	94.6	86.9	16.4	7078183	56.86
原模型+DE	92.3	89.8	95.4	87.5	16.4	7078183	56.82

15.4.2　注意力机制对比实验

为了验证注意力机制中的 CBAM 注意力机制的有效性,如图 15.4 所示,基于采用 Mosaic+Mixup 数据增强方式的 YOLOv5s 网络,通过在特征融合网络中嵌入注意力机制进行验证,参与验证的注意力机制分别为 SENet,CBAM,CA 注意力机制。

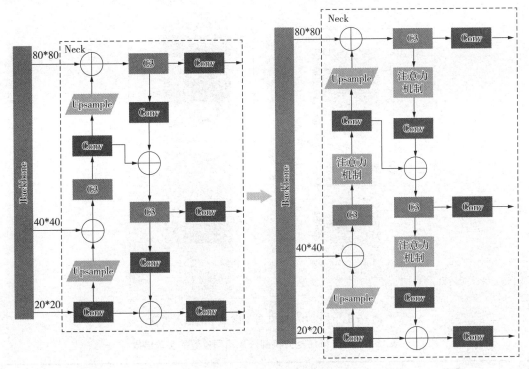

图 15.4　注意力机制在特征融合网络中的嵌入位置

实验结果见表 15.4,模型在加入 CBAM 注意力机制后,速度上虽然略慢于原 YOLOv5s 模型,但是在 mAP@0.5 上展现的效果较好,mAP@0.5 提升了 1.6%,相比 CA 注意力机制精度高了 0.2%。在特征融合网络中加入 CBAM 与 SENet 注意力机制检测精度相同,但检测速度比 SENet 注意力机制每秒快 1.71 帧。从整体上看,CBAM 注意力机制模块效果优于 SENet。

表 15.4　不同注意力机制嵌入特征融合网络模块的实验结果

模型	Recall/%	Precision/%	mAP@0.5/%	模型参数量	FPS/(f·s⁻¹)
YOLOv5s	92.3	87.5	95.4	7078183	56.82
YOLOv5s_SENet_Neck	92.5	91.9	97.2	7100711	49.84
YOLOv5s_CA_Neck	92.8	90.7	97.0	7116143	48.85
YOLOv5s_CBAM_Neck	92.2%	90.2%	97.2%	7118840	51.55 f/s

为了验证CBAM注意力机制嵌入特征融合网络中的效果更佳,将CBAM注意力模块嵌入骨干网络中,具体嵌入位置如图15.5所示。实验结果见表15.5,嵌入特征融合网络比嵌入骨干网络的模型精度高了0.6%,检测速度每秒可多检测1.57帧,证明CBAM注意力机制嵌入在特征融合网络中的效果更好。

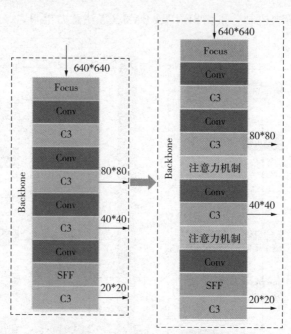

图15.5 注意力机制在骨干网络中的嵌入位置

表15.5 CBAM注意力机制嵌入不同位置的实验结果

模型	Recall/%	Precision/%	mAP@0.5/%	模型参数量	FPS/(f·s⁻¹)
YOLOv5s	92.3	87.5	95.4	7078183	56.82
YOLOv5s_CBAM_Backbone	90.3	90.9	96.2	7301125	49.98
YOLOv5s_CBAM_Neck	92.2	90.2	96.8	7118840	51.55

15.4.3 损失函数对比实验

针对指针式水表数据集,为了验证SIoU损失函数的有效性,通过单一变量法替换YOLOv5s基础网络中的CIoU损失函数,分别替换为EIoU损失函数、AlphaIoU损失函数和SIoU损失函数,在保证其他变量均不变的情况下,进行损失函数的对比实验。

实验结果见表15.6,通过损失函数对比实验可以验证,应用SIoU损失函数表现较为突出,虽然在FPS速度上比原模型低了2.48 f/s(帧每秒),但从mAP@0.5评价指标上分析精度最高,相较原模型的CIoU损失函数的精度高了1.9%,可以牺牲较低的速度提高精度。

表15.6 不同损失函数实验结果

模型	Recall/%	Precision/%	mAP@0.5/%	FPS/$(f \cdot s^{-1})$
YOLOv5_CIoU	92.3	87.5	95.4	56.82
YOLOv5_EIoU	92.1	91.7	97.2	53.19
YOLOv5_AlphaIoU	66.6	40.2	47.8	54.34
YOLOv5_SIoU	93.5	91.2	97.3	56.17

15.4.4 消融实验

本章以YOLOv5s模型为基准网络,为了验证各个改进点对模型的有效性,将所有改进点分为7组进行消融实验。其中,"√"表示使用该方法对原模型作出改进,"×"表示没有使用该方法对原模型作出改进,消融实验的具体方案,见表15.7。

改进方案1:在训练前先使用Mosaic+Mixup数据增强方法处理指针式水表数据集。

改进方案2:在训练前先使用Mosaic+Mixup数据增强方法处理指针式水表数据集的同时,且在YOLOv5s基础模型的特征融合网络中加入CBAM注意力机制。

改进方案3:在训练前先使用Mosaic+Mixup数据增强方法处理指针式水表数据集的同时,将YOLOv5s中的特征融合网络替换成加权双向特征金字塔模块BiFPN。

改进方案4:在训练前先使用Mosaic+Mixup数据增强方法处理指针式水表数据集的同时,将边界框损失函数替换为SIoU损失函数。

改进方案5:在训练前先使用Mosaic+Mixup数据增强方法处理指针式水表数据集的同时,将YOLOv5s原模型的特征融合网络中加入CBAM注意力机制,特征融合网络替换为加权双向特征融合网络。

改进方案6:在训练前先使用Mosaic+Mixup数据增强方法处理指针式水表数据集的同时,将YOLOv5s原模型中的特征融合网络替换为加权双向特征金字塔模块BiFPN,边界框损失函数替换为SIoU损失函数。

改进方案7:在训练前先使用Mosaic+Mixup数据增强方法处理指针式水表数据集的同时,将YOLOv5s原模型中的特征融合网络替换为加权双向特征金字塔模块BiFPN,将检测头中的CIoU边界框损失函数替换为SIoU损失函数,并在特征融合网络中加入CBAM注意力机制。

表15.7　消融实验设计

改进方案	数据增强	BiFPN	CBAM	SIoU
改进方案 1	√	×	×	×
改进方案 2	√	×	√	×
改进方案 3	√	√	×	×
改进方案 4	√	×	×	√
改进方案 5	√	√	√	×
改进方案 6	√	√	×	√
改进方案 7	√	√	√	√

通过分析表15.8消融实验的原模型、改进方案1到改进方案4的实验结果可以得出,在单独添加改进点时,检测速度虽然有微量减慢,但mAP@0.5、mAP@0.5:0.95都有所提高,可以看出在牺牲部分检测速度的情况下,这4个改进点的加入都可以提升模型的检测精度。总的来说,改进后的模型可以减轻由光照不均和水表表盘雾化干扰引起的漏检和误检等问题的影响,验证本章所提出的改进点均在模型检测精度上有所提升。

表15.8　消融实验结果

模型	Recall/%	Precision/%	mAP@0.5/%	mAP@0.5:0.95/%	GFLOPS	模型参数量	FPS/$(f·s^{-1})$
原模型	92.1	89.3	94.6	86.9	16.4	7078183	56.86
改进方案 1	92.3	89.8	95.4	87.5	16.4	7078183	56.82
改进方案 2	92.2	90.2	96.8	87.5	16.1	7118840	51.55
改进方案 3	91.7	90.8	96.6	87.4	17.0	7226683	51.54
改进方案 4	93.5	91.2	97.3	87.8	16.6	7078183	56.17
改进方案 5	92.2	91.0	96.9	87.7	17.1	7267983	52.08
改进方案 6	92.7	92.1	97.5	88.1	17.0	7226683	53.76
改进方案 7	94.2	90.2	97.8	88.5	17.1	7267983	49.75

最终改进的网络模型,见表5.8中改进方案7,经过改进点的全部添加,在牺牲少量检测速度情况下,关于模型检测精度的各项评估指标都有所提高,Recall 召回率提高至94.6%、Precision 精确率提高至90.1%,mAP@0.5 和 mAP@0.5:0.95 平均检测精度提高至97.8%、88.5%,相比 YOLOv5s 原始网络提升了3.2%、1.7%,如图15.6所示为改进 YOLOv5s 网络前后,Recall、mAP@0.5、Precision 和 mAP@0.5:0.95 曲线对比图。

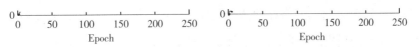

图15.6　改进前后重要评估指标的曲线对比图

15.4.5　不同模型之间的对比实验

为了检验改进后的模型在指针式水表读数检测上的优异性,本章采用相同的模型运行环境、相同的训练集和测试集,构建改进后的网络模型、One-stage目标检测模型中的YO-LOv5s、YOLOv4、YOLOX、YOLOv7以及Two-stage目标检测模型中的Faster R-CNN等,目前相对主流模型为模型组的对比实验,对比实验结果见表15.9。

表15.9　不同模型的对比实验结果

算法	mAP@0.5/%	mAP@0.5:0.95/%	FPS/(f·s⁻¹)
YOLOv5s	94.6	86.9	56.86
Faster R-CNN	85.5	74.4	28.36
YOLOv4	90.5	81.2	43.52
YOLOX	92.5	83.3	42.45
YOLOv7	95.2	87.1	55.67
改进后	97.8	88.5	49.75

由表5.19分析可知,在实验对比中,本章提出的改进模型在检测准确度方面表现出显著优势。虽然检测速度未达到最优,但是在满足检测任务要求的前提下,仍然可以得到高准确度的检测结果。因此,可以总结出改进模型在检测性能方面表现出的稳定优势,指针式水表读数检测结果,如图15.7所示。

图15.7　指针式水表数据集的部分预测效果图

　　通过实验验证,改进后的网络在检测准确率的性能方面均保持较大的优势,原模型与改进后模型的检测结果如图15.8所示,充分证明了改进后的模型可以应对光照不均匀、水表表盘雾化的干扰,具有一定的泛化能力。

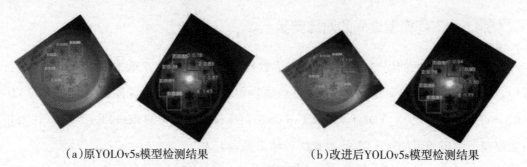

　　　　（a）原YOLOv5s模型检测结果　　　　　　　（b）改进后YOLOv5s模型检测结果

图15.8　原模型与改进后模型的检测结果

15.5　本章小结

　　本章主要实现基于深度学习算法的指针式水表读数检测方案并对实验结果进行分析,主要包括数据集制作、搭建实验环境、选择模型的评估指标。数据集的制作主要从数据采集、数据筛选、数据标注、数据格式转换及数据集的统计与分布这几个方面进行详细介绍。在实验结果的展示与分析,针对数据增强、注意力机制、损失函数和加权双向特征融合进行对比并详细分析,以及将改进的模型与当前流行的网络模型的实验结果进行对比实验和详细分析。验证了针对指针式水表读数,本章提出的改进YOLOv5s模型具有一定的优越性和稳定性。

第16章　水表读数识别系统的设计与实现

16.1　引言

　　水表读数识别系统根据水务公司对城镇居民水表管理的角度进行设计,达到水务公司抄表人员不用到达现场就能自动完成水表的读数功能,因此,本章基于前两章研究的读数区域检测模型和读数区域字符识别模型设计一个水表读数识别系统。其中,读数区域定位模型和读数区域识别模型具有耦合关系,原始水表图像需先经过读数区域定位模型提取水表图像中的读数区域图像,然后经过读数区域识别模型完成水表图像的读数识别。本章首先对系统的需求进行分析,然后设计系统的总体架构,接着对系统功能界面进行展示,最后对系统各个模块进行性能测试。

16.2　系统需求分析

　　近年来,社会上出现了大量的智能化水表,具有自动读数的功能,但是由于智能化水表的价格在几十元或者上百元,与老式水表相比价格偏贵,且智能化水表出现故障时,需要进行返厂维修,不利于推广和改造,因此,目前老式水表在社会上仍然占据主导地位,而水务公司对老式水表的管理更多的还是依靠人工上门抄表的方式,人工抄表的方式对于大型城市来说,需要水务公司雇佣大量的抄表人员,且在人工抄取水表后需将抄表时得到的水表图像和数据进行严格审查和复查,需耗费大量的人力和经济成本且效率低,容易因人工的身体状况和状态出现抄表误差。

　　为解决上述问题,本章设计的水表读数识别系统共包括以下几种功能:

①用户管理功能:系统设立3个角色,分别为管理员、抄表员和普通用户,每个角色对系统的使用权限也各有不同,其中,管理员对其开放所有模块的功能,可以选择向抄表员或者普通用户开发系统功能;其次每个角色能够对个人信息进行管理,系统则保存所有角色的个人信息。

②数据采集功能:数据采集功能是实现自动读数识别的第一步,用户通过移动端的水表识别系统对水表图像进行拍照上传,数据采集功能则将用户上传的水表图像进行保存,并对水表图像进行分析和处理后作出反馈。

③读数区域定位功能:对得到的水表图像,本系统需要识别的对象在包含若干个数字的读数区域部分,因此水表读数识别系统需先自动定位到水表图像中的读数区域部分,排除其他干扰信息。

④读数区域识别功能:由于读数区域的数字是以滚轮的方式变换的,因此在数据采集模块不能确保读数区域的数字不会存在上个数字与下个数字进行变换的中间状态,称为半字符。水表读数识别系统不仅要对整字符数字进行识别,还要对半字符数字进行识别,从而提高系统的数字识别准确率。

⑤数据管理功能:主要是数据存储和数据审查。

16.3 系统设计

16.3.1 系统总体框架设计

本系统将深度学习技术与图像识别技术相结合,设计了一个界面友好和功能完善的水表读数识别系统。水表读数识别系统的研究工作需要满足以下几点要求:

①本系统主要面向水务公司工作人员对水表数据进行管理和维护,节省抄表人员需要上门抄表的时间。

②本系统需要应用的水表图像来源于水务公司采集的城镇居民水表,其主要应用范围为需要人工进行上门抄读水表读数数据且需人工进行复核的水表。

③针对的是水表图像采集时存在表盘污损、图片模糊、拍摄多角度以及表盘方向多样性等问题的水表图像。

基于上述存在的问题设计的水表识别应用系统整体架构图如图16.1所示。

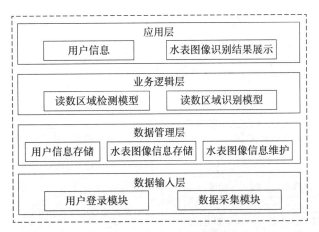

图16.1　系统整体架构图

16.3.2　系统功能设计

水表读数识别系统包括数据输入层、数据管理层、业务逻辑层和应用层,各层数据模块的功能设计如下:

(1)数据输入层

数据输入层包括用户登录模块和数据采集模块。用户登录模块流程图如图16.2所示,用户登录模块主要用于管理不同类型用户的访问权限,共设立3种角色,分别为管理员、抄表员和普通用户,每个角色有对应角色的事务代码。用户首先在系统登录界面中输入用户名和密码,系统会将输入的信息与数据库信息进行比对,若匹配成功则输入对应角色的事务代码跳转到相应的功能界面,若匹配不成功则返回相应的提示信息。数据采集模块流程图

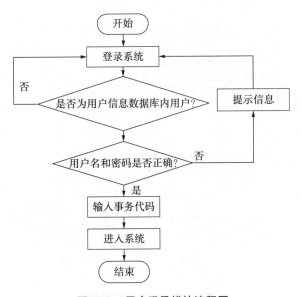

图16.2　用户登录模块流程图

如图16.3所示,首先通过手机端水表识别系统采集水表图像数据,上传至数据采集模块,数据采集模块调用相应用户的历史水表图像进行匹对,判断该采集的水表图像是否合格,合格则保存水表图像,否则将结果反馈给手机端,输出提示信息。

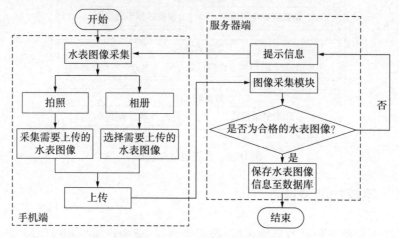

图16.3 数据采集模块流程图

(2)数据管理层

数据管理层包括数据存储和数据维护。其中数据存储的结构包括用户信息的存储、水表图像信息的存储、读数区域检测结果的存储和读数区域识别结果的存储。数据维护流程图如图16.4所示,包括数据更新和数据审查,抄表员首先进入水表读数识别系统,查询用户的水表图像与对应的读数区域检测结果和读数区域识别结果进行对比,查看读数区域检测结果和识别结果是否出错,出错则对数据进行更新,未出错则不用更新,完成数据审查工作。

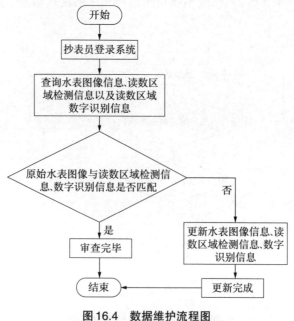

图16.4 数据维护流程图

（3）业务逻辑层

业务逻辑层包括读数区域检测模块和读数区域识别模块。水表读数识别流程图如图16.5所示。读数区域检测模块首先从数据采集模块中获取水表图像,将水表图像输入预先训练好的读数区域检测模型中进行检测,得到读数区域模型检测的结果,其中,结果包括读数区域图像和读数区域所处水表图像中的位置信息;其次读数区域识别模块将读数区域检测的读数区域图像投入预先训练好的读数区域识别模型中进行检测,输出其检测结果,检测结果包括读数区域数字识别图像和数字的类别信息和位置信息;最后将读数区域检测模块和读数区域识别模块的检测结果分别保存在数据存储层的读数区域检测结果和读数区域识别结果中,并更新水表图像的数据信息。

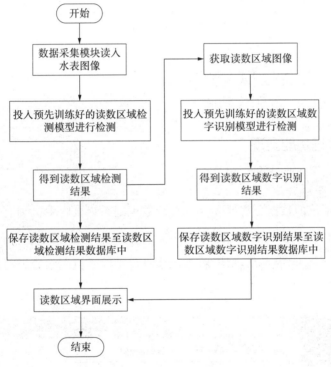

图16.5　水表读数识别流程图

（4）应用层

应用层主要是用户操作界面,根据角色权限的不同,能够管理和查询相应权限的信息,应用层结构图如图16.6所示。用户访问系统的登录界面后,输入对应权限的事务代码,事务代码为普通用户的功能包括查询、修改自己的个人信息,以及水表的历史数据信息。事务代码为管理员的功能包括查询、修改自己的个人信息,查询所有用户的水表历史数据信息,查询所有读数区域检测结果以及读数区域识别结果。

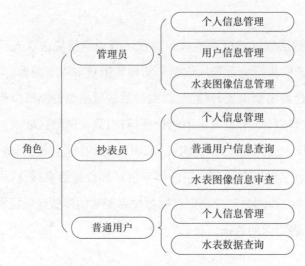

图 16.6　应用层结构图

16.4　系统功能实现与测试

16.4.1　系统功能实现

（1）数据采集模块

图 16.7 为本系统的数据采集界面。水表读数识别系统接收手机端上传的水表图像，并对水表图像与历史水表图像进行对比，匹配成功则说明水表图像无误，保存相应的水表图像信息；若匹配失败则输出提示信息，并将提示信息反馈给手机端水表识别系统，要求重新上传水表图像。

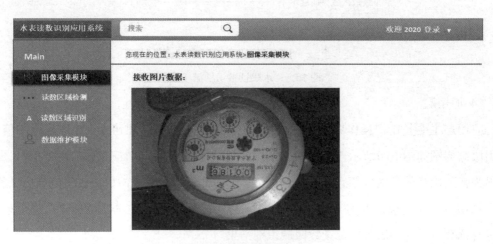

图 16.7　数据采集界面

（2）读数区域检测模块

图16.8为本系统的读数区域检测界面,首先选择需要检测的水表图像,单击开始检测按钮,系统后台会将待检测的水表图像投入预先训练好的读数区域检测模型中进行检测,检测完成后,将检测结果进行保存;其次读数区域检测界面会显示读数区域检测的图像和读数区域所处水表图像中的坐标信息。

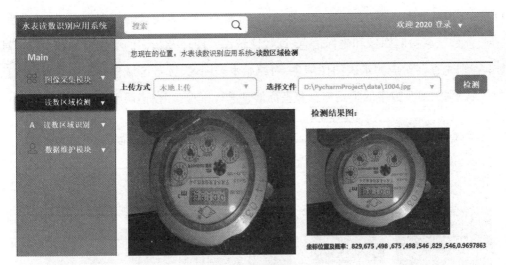

图16.8　读数区域检测界面

（3）读数区域识别模块

图16.9为本系统的读数区域识别界面,读数区域检测模块完成对待检测水表图像的检测后,进入读数区域识别模块,读数识别模块首先将待识别的读数区域图像投入预先训练的读数区域识别模型进行识别,识别完成后,将结果进行保存;其次读数区域识别界面会显示读数区域识别的图像以及数字的类别信息和坐标信息。

图16.9　读数区域识别界面

（4）数据维护模块

数据维护模块包括用户信息维护和水表图像信息维护。用户信息维护界面如图16.10所示，用户信息维护包括个人信息维护和角色管理，其中，3个角色的用户都能管理自己的个人信息，对个人信息进行修改和更新；角色管理仅限管理员使用，管理员能够进行添加用户、删除用户以及修改用户等操作，且能够查询所有的用户信息。水表图像信息维护界面如图16.11所示，包括数据查询、更新以及数据审查，能够查询水表图像的所有数据，包括原始水表图像、读数区域检测图像和坐标信息、读数区域识别图像及数字的类别信息和坐标信息。数据审查则先查询对应的水表图像信息，对原始水表图像、读数区域检测图像和坐标信息、读数区域识别图像及数字的类别信息和坐标信息进行审查，存在错误则进行数据更新。

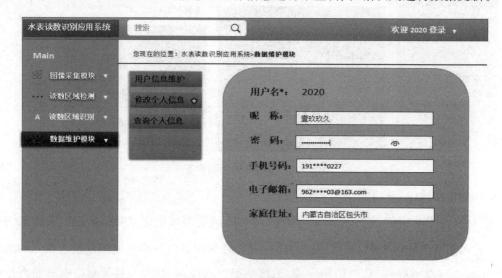

图16.10　用户信息维护界面

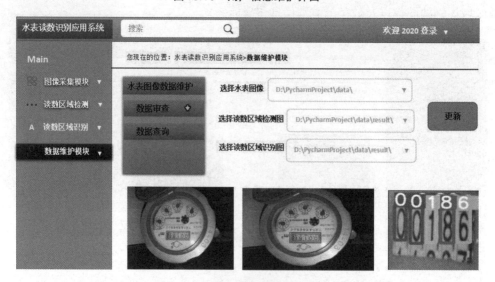

图16.11　水表图像信息维护界面

16.4.2　系统功能测试

选取500张不同类型的水表图像,其中,水表图像中存在不同角度、光照条件不均匀以及遮挡、污迹等对系统读数区域检测模块以及读数区域数字识别模块的准确率进行测试,测试结果见表16.1。

表16.1　系统检测和识别准确率的测试结果

功能	准确率/%	单张图片检测速度/ms
读数区域检测	98.7	102
读数区域数字识别	99.5	87

此外,还对系统的登录模块、数据采集模块和数据管理模块进行功能测试,测试结果见表16.2。

表16.2　系统检测和识别准确率的测试结果

测试说明	测试结果
登录测试	用户输入正确的用户名和密码后正常登录
数据采集功能	系统能自动收集手机端上传的水表图像,并进行图像审查
数据存储功能	自动存储水表图像信息、读数区域检测信息、读数区域数字识别信息以及用户信息
数据审查功能	单击数据审查能够查询到对应用户的水表图像、读数区域检测图像、读数区域识别图像等
用户信息管理功能	单击用户管理模块能够修改、查询个人信息
数据查询功能	单击数据查询能够查询水表图像数据

16.5　本章小结

本章主要介绍了水表读数识别系统的设计与实现,首先介绍了系统的需求分析,其次介绍了系统的总体架构设计和系统功能流程图,接着介绍了系统各个模块的功能以及界面展示,最后对系统的各个功能模块进行测试,验证了系统的完整性和可行性。

第17章 水表读数识别系统App的设计与实现

17.1 引言

本章提出的轻量化DBNet读数区域检测模型和轻量化YOLOv5s读数区域数字识别模型能够准确地检测出水表图像中的读数区域图像和读数区域中的数字。通过及时收集居民的水表图像和居民的反馈信息,对水务公司管理居民用水至关重要。在此基础上,本章基于文本检测模型DBNet网络和YOLOv5s网络模型开发了一款水表读数识别系统App。

17.2 水表读数识别系统App的功能需求分析

为实现水务公司对居民用水的管理,本章针对目前存在的问题进行分析,并根据这些问题进行App功能需求设计。存在的问题如下:

①数据读取问题:目前,居民家中大多数安装的还是老式机械水表,不具备自动读数功能,水务公司对水表图像的采集大多数安排专门的抄表员进行上门拍照采集,需要耗费大量的人力,且容易因外在因素导致数据丢失;采集数据时,图像需要通过手机拍照或者相册进行采集,因此,App需具有图像录入和图像确认功能,并将采集的数据用数据库进行管理。

②识别结果分析问题:传统的水表读数是采用人工进行抄读水表数据,容易受人工的身体和精神状态的影响造成读数误差或读数错误,不利于确保抄读数据的准确性,因此,App能够不经过人工自动完成对水表图像的读数功能,确保检测结果的准确性,且对检测结果进行统计和分析。

③识别结果展示问题:为使居民更直观地了解每月的用水量以及需要缴纳的水费,App

对检测结果进行处理,处理后对结果进行展示。

根据上述对水表读数识别系统 App 的需求分析可得,App 的主要功能如下:

①水表图像信息导入:图像录入功能能够将水表图像上传至本章设计的水表图像数据库中,对水表图像的信息进行存储。

②水表图像信息读取:根据水表图像信息的录入需求加载需要检测识别的水表图像。

③水表图像读数识别:通过读数区域检测模型和读数区域数字识别模型对待检测的水表图像进行检测识别后,将读数区域数字识别结果进行处理,计算出当月用水量和需缴纳的水表。

④水表图像读数分析:以 7 个月为单位对用水量变化进行展示,采用柱状图分析用水量的变化。

17.3　水表读数识别系统App设计

17.3.1　水表读数识别系统App总体设计

本章 17.2 节对水表读数识别系统 App 的需求进行了分析,设计并实现了一个水表读数识别系统 App。本系统由用户登录模块、水表图像采集模块、水表图像读取模块、检测与识别模块、历史数据查询模块和账户信息组成。系统功能结构图如图 17.1 所示。

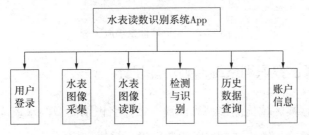

图17.1　系统功能结构图

水表读数识别系统 App 软件流程图如图 17.2 所示。用户首先通过输入账户和密码登录水表读数识别系统 App;登录 App 后,可通过拍照或者选择本地相册的方式将水表图像上传至水表图像数据库中。单击账单查询时,首先采用读数区域检测模型对水表图像的读数区域进行检测,检测成功后,将读数区域图像投入读数区域识别模型对水表读数进行识别,得到水表图像的读数结果;其次对水表图像的读数结果进行处理,计算出用水量和需要缴纳的水费。单击用水分析时,用图表可视化展示历史用水量数据,可以更直观地了解用水量变化趋势。

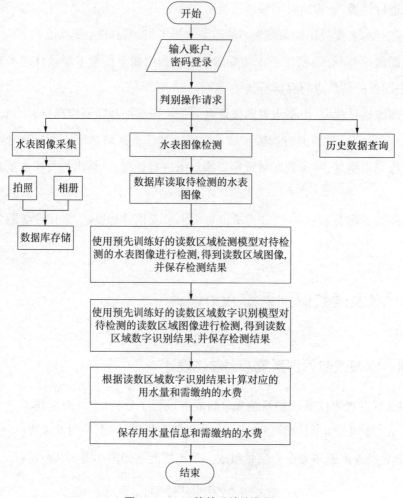

图17.2　App软件系统流程图

17.3.2　水表读数识别系统App功能设计

基于轻量化的读数区域检测模型和读数区域数字识别模型的水表读数识别系统App的主要功能为水表图像录入模块和水表图像读数识别模块。

（1）水表图像录入模块

用户登录App后，通过应用程序获取水表的图像信息，单击拍照或者相册按钮，上传水表图像。水表图像信息采集的流程图如图17.3所示。

（2）水表图像读数识别模块

用户上传水表图像后，单击开始账单查询按钮，首先将水表图像投入读数区域检测模型进行检测，得到读数区域图像；其次将读数区域图像投入读数区域数字识别模型进行识别，得到读数区域数字识别结果；接着处理读数区域数字识别结果，计算出用水量和需要缴纳的水费;最后将读数区域检测结果、读数区域数字识别结果以及用水量和需缴纳的水费保存到数据库,然后进行界面展示。水表图像读数识别流程图如图17.4所示。

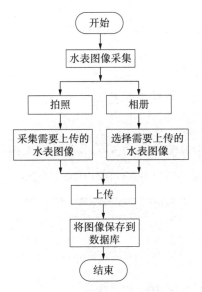

图17.3　水表图像信息采集流程图

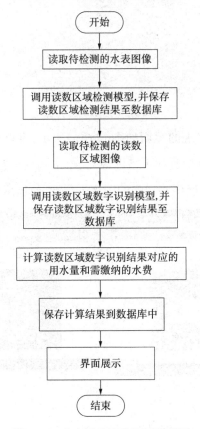

图17.4　水表图像读数识别流程图

17.4 水表读数识别系统App实现和测试

17.4.1 App界面展示

水表读数识别系统App其主要功能包括用户登录、水表图像、水表图像读取、水表用水量和费用展示、历史数据分析等。

水表读数识别系统App主界面如图17.5所示,用户输入用户名和密码进入系统主界面,主界面包括水表图像、账单查询、用水分析和用户中心等功能。

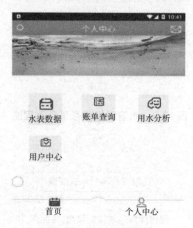

图17.5 手机端主界面

单击主界面中的水表,出现的界面如图17.6(a)所示,可以通过单击拍照或者相册的方式进行上传水表图像,选定待检测的水表图像后,单击确认按钮,便可将选定的图片上传至数据库中进行保存,且在主界面中将选定的图片进行展示,展示界面如图17.6(b)所示。

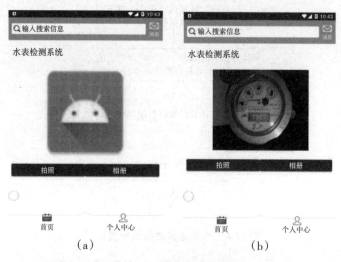

(a) (b)

图17.6 水表采集界面图

　　单击主界面中的账单查询,首先读入待检测的水表图像,并将待检测的水表图像投入读数区域检测模型中进行训练,得到读数区域图像;然后将读数区域图像投入读数区域数字识别模型中进行训练,得到读数区域数字识别结果;最后计算读数区域数字识别结果对应的用水量以及需要缴纳的水费。图17.7(a)和图17.7(b)为读数区域模型和读数区域数字识别模型的检测结果,其结果包括检测图像和位置信息,仅限于管理员查看。图17.7(c)为计算读数区域数字识别结果对应的用水量和需缴纳的水费。

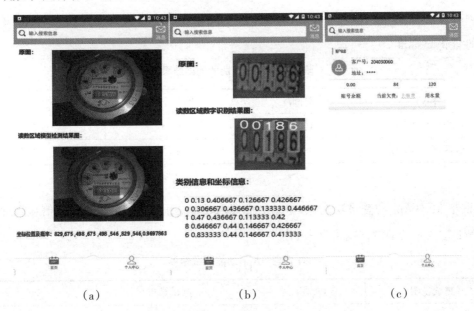

(a)　　　　　　　　　(b)　　　　　　　　　(c)

图17.7　账单查询功能界面展示

单击主界面中的用水分析,能够查看近7个月的用水量,其界面如图17.8所示。

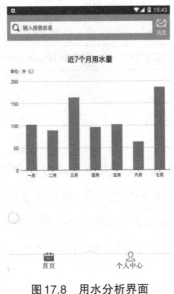

图17.8　用水分析界面

17.4.2　App功能测试

本章基于读数区域检测模型和读数区域数字识别模型开发了一个水表读数识别系统App，该系统能够对不同类型的数字式水表图像进行识别。为验证水表读数识别系统App读数区域检测和读数区域数字识别的准确性，基于4G/5G网络环境下将系统应用在一加、华为等安卓手机上。随机选取一张水表图像与非水表图像对系统账单查询功能进行测试，确保真实环境下系统的可行性。测试结果见表17.1，结果表明水表读数识别系统App满足实际应用性能测试标准。

表17.1　App性能的测试结果

测试	时间/s	准确率/%	误差率/%
读数区域检测	0.098	94.3	5.7
读数区域数字识别	0.084	96.3	3.7

此外，还对App的登录功能、数据录入和读取功能、用水分析功能和账户信息管理功能进行测试。App功能测试结果见表17.2。

表17.2　App功能测试结果

测试说明	测试结果
登录功能	用户输入正确的用户名和密码后正常登录
数据录入功能	单击拍照或相册按钮正常完成水表图像的录入工作
数据读取功能	单击账单查询自动读取用户录入的水表图像
用水分析	单击用水分析查询近7个月的用水数据信息
账户信息管理	单击账户信息能够进行信息管理、设备管理、服务反馈等功能

17.5　本章小结

本章介绍了水表读数识别系统App的功能需求分析、系统总体设计、功能模块设计与实现以及系统测试等。首先明确App的功能要求，分析App的整体架构；其次设计了App所需的各个功能模块；接着展示了App的各个功能模块；最后分别从功能和性能两个方向对App进行测试，测试结果表明该水表读数识别系统App满足水务公司管理城镇居民用水的需求，具有实用性和可行性。

参考文献

［1］李舟军,王昌宝.基于深度学习的机器阅读理解综述［J］.计算机科学,2019,46(7):7-12.

［2］顾迎捷,桂小林,李德福,等.基于神经网络的机器阅读理解综述［J］.软件学报,2020,31
(7):2095-2126.

［3］徐霄玲,郑建立,尹梓名.机器阅读理解的技术研究综述［J］.小型微型计算机系统,2020,
41(3):464-470.

［4］石磊,王毅,成颖,等.自然语言处理中的注意力机制研究综述［J］.数据分析与知识发现,
2020,4(5):1-14.

［5］李舟军,范宇,吴贤杰.面向自然语言处理的预训练技术研究综述［J］.计算机科学,2020,
47(3):162-173.

［6］赵京胜,宋梦雪,高祥.自然语言处理发展及应用综述［J］.信息技术与信息化,2019(7):
142-145.

［7］王灿辉,张敏,马少平.自然语言处理在信息检索中的应用综述［J］.中文信息学报,2007
(2):35-45.

［8］LEHNERT W G. The Process of Question Answering［M］. London: Routledge,2022.

［9］HIRSCHMAN L,LIGHT M,BRECK E,et al. Deep Read:a reading comprehension system
［C］// Proceedings of the 37th annual meeting of the Association for Computational Linguistics
on Computational Linguistics. New York: ACM,1999:325-332.

［10］HERMANN K M,KOČISKÝ T,GREFENSTETTE E,et al. Teaching machines to read and
comprehend［EB/OL］. 2015,arXiv:1506.03340.

［11］RICHARDSON M,BURGES C J C,RENSHAW E. MCTest:a challenge dataset for the open-
domain machine comprehension of text［J］. Proceedings of the 2013 Conference on Empiri-
cal Methods in Natural Language Processing. 2013:193-203.

[12] RAJPURKAR P, ZHANG J, LOPYREV K, et al. SQuAD: 100,000+ Questions for Machine Comprehension of Text[C]// Proceedings of the 2016 Conference on Empirical Methods in Natural Language Processing. 2016:2383-2392.

[13] NGUYEN T, ROSENBERG M, SONG X, et al. MS MARCO: A Human Generated MAchine Reading COmprehension Dataset[J]. 2016:arXiv:1611.09268.

[14] TAN C Q, WEI F R, YANG N, et al.S-net:From Answer Extraction to Answer Synthesis for Machine Reading Comprehension[J].Thirty-Second AAAI Conference on Artificial intelligence, 2018,32(1):5940-5947.

[15] JOSHI M, CHOI E, WELD D, et al. TriviaQA: A Large Scale Distantly Supervised Challenge Dataset for Reading Comprehension[EB/OL]. 2017:arxiv:1705.03551.

[16] CHEN DQ. Neural reading comprehension and beyond[D]. Palo Alto: Stanford University, 2018.

[17] PAPERNO D, KRUSZEWSKI G, LAZARIDOU A, et al. The LAMBADA Dataset:Word Prediction Requiring a Broad Discourse Context[C]// Proceedings of the 54th Annual Meeting of the Association for Computational Linguistics. Berlin, Germany. Stroudsburg, PA, USA: Association for Computational Linguistics, Berlin Germany. Strouds burg, PA, USA:Association for Computational Linguistics, 2016:1525-1534.

[18] ONISHI T, WANG H, BANSAL M, et al. Who did What: A Large-Scale Person-Centered ClozeDataset[C]//Proceedings of the 2016 Conference on Empirical Methods in Natural Language Processing, 2016:2230-2235.

[19] 霍欢,邹依婷,周澄睿,等.一种应用于填空型阅读理解的句式注意力网络[J].小型微型计算机系统,2019,40(3):482-487.

[20] XIE P T, XING E. A constituent-centric neural architecture for reading comprehension[C]// Proceedings of the 55th Annual Meeting of the Association for Computational Linguistics. 2017:1405-1414.

[21] VASWANI A, SHAZEER N, PARMAR N, et al. Attention is all you need[C]//Proceedings of the 315t International Conference on Neural Information Processing Systems. New York: ACM,2017:6000-6010.

[22] KADLEC R, SCHMID M, BAJGAR O, et al. Text Understanding with the Attention Sum Reader Network[C]// Proceedings of the 54th Annual Meeting of the Association for Computational Linguistics. 2016:908-918.

[23] DHINGRA B, LIU H, YANG Z, et al. Gated-Attention Readers for Text Comprehension[C]// Proceedings of the 55th Annual Meeting of the Association for Computational Linguistics. 2017: 1832-1846.

[24] CUI Y, CHEN Z, WEI S, et al. Attention-over-Attention Neural Networks for Reading Comprehension[C]// Proceedings of the 55th Annual Meeting of the Association for Computational Linguistics. 2017: 593-602.

[25] LAI G, XIE Q, LIU H, et al. RACE: Large-Scale ReAding Comprehension Dataset from Examinations[C]// Proceedings of the 2017 Conference on Empirical Methods in Natural Language Processing. 2017: 785-794.

[26] SACHAN M, DUBEY K, XING E, et al. Learning Answer-entailing Structures for Machine Comprehension[C]// Proceedings of the 53rd Annual Meeting of the Association for Computational Linguistics and the 7th International Joint Conference on Natural Language Processing. 2015: 239-249.

[27] FENG M, XIANG B, GLASS M, et al. Applying Deep Learning to Answer Selection: A Study and An Open Task[C]// Automatic Speech Recognition and Understanding. IEEE, 2015: 813-820.

[28] SMITH E, GRECO N, BOSNJAK M, et al. A Strong Lexical Matching Method for the Machine Comprehension Test[C]// Conference on Empirical Methods in Natural Language Processing. 2015: 1693-1698.

[29] ZHU H, WEI F, QIN B, et al. Hierarchical Attention Flow for Multiple-Choice Reading Comprehension[C]// Proceedings of the Thirty-Second AAAI Conference on Artificial Intelligence. 2018: 6077-6084.

[30] PARIKH S, ANANYA B S, NEMA P, et al. ElimiNet: A Model for Eliminating Options for Reading Comprehension with Multiple Choice Questions[C]// Proceedings of the Twenty-Seventh International Joint Conference on Artificial Intelligence. 2018: 4272-4278.

[31] SHEN Y L, Huang P S, GAO JF, et al. ReasoNet: Learning to Stop Reading in Machine Comprehension[C]// Proceedings of the 23rd ACM SIGKDD International Conference on Knowledge Discovery and Data Mining. ACM, 2017: 1047-1055.

[32] WANG S, YU M, CHANG S, et al. A Co-Matching Model for Multi-choice Reading Comprehension[C]// Proceedings of the 56th Annual Meeting of the Association for Computational Linguistics. ACL, 2018: 746-751.

［33］WANG L,SUN M,ZHAO W. Yuanfudao at SemEval-2018 Task 11:Three-way Attention and Relational Knowledge for Commonsense Machine Comprehension［EB/OL］//2018:arXiv: 1803.00191.

［34］SEVERYN A,MOSCHITTI A. Learning to Rank Short Text Pairs with Convolutional Deep Neural Networks［C］// Proceedings of the 38th International ACM SIGIR Conference on Research and Development in Information Retrieval. ACM,2015:373-382.

［35］CHEN Z P,CUI Y M,MA W T,et al. Convolutional Spatial Attention Model for Reading Comprehension with Multiple-Choice Questions［J］. The 33th AAAI Conferenceon Artificial Intelligence. AAAI,2019,33(1):6276-6283.

［36］TRISCHLER A,WANG T,YUAN X,et al. NewsQA:A Machine Comprehension Dataset ［C］// Proceedings of the 2nd Workshop on Representation Learning for NLP. 2017:191-200.

［37］RAJPURKAR P,JIA R,LIANG P. Know What You Don't Know:Unanswerable Questions for SQuAD［C］// Association for Computational Linguistics. 2018:784-789.

［38］VINYALS O,FORTUNATO M,JAITLY N. Pointer Networks［EB/OL］. 2015:arXiv:2692-2700.

［39］WANG W,YAN M,WU C. Multi-granularity Hierarchical Attention Fusion Networks for Reading Comprehension and Question Answering［C］//Proceedings of the 56th Annual Meeting of the Association for Computational Linguistics. 2018:1705-1714.

［40］张禹尧,蒋玉茹,毛腾,等. MCA-Reader:基于多重联结机制的注意力阅读理解模型［J］. 中文信息学报,2019,33(10):73-80.

［41］郑玉昆,李丹,范臻,等. T-Reader:一种基于自注意力机制的多任务深度阅读理解模型 ［J］. 中文信息学报,2018,32(11):128-134.

［42］梁小波,任飞亮,刘永康,等. N-Reader:基于双层Self-attention的机器阅读理解模型［J］. 中文信息学报,2018,32(10):130-137.

［43］谭红叶,刘蓓,王元龙. 基于QU-NNs的阅读理解描述类问题的解答［J］. 中文信息学报, 2019,33(3):102-109.

［44］YANG L,AI Q,GUO J,et al. aNMM:Ranking short answer texts with attention-based neural matching model［C］// Proceedings of the 25th ACM international on conference on information and knowledge management. 2016:287-296.

［45］WANG L,TSVETKOV Y,AMIR S,et al. Not All Contexts Are Created Equal:Better Word Representations with Variable Attention［C］// Proceedings of the 2015 Conference on Empirical Methods in Natural Language Processing. Lisbon，Portugal：ACL，2015：1367-1372.

［46］HE W，LIU K，LIU J，et al. DuReader：A Chinese Machine Reading Comprehension Dataset from Real-world Applications［C］// Proceedings of the Workshop on Machine Reading for Question Answering. 2018：37-46.

［47］WANG Y Z，LIU K，LIU J，et al. Multi-Passage Machine Reading Comprehension with Cross-Passage Answer Verification［C］// Proceedings of the 56th Annual Meeting of the Association for Computational Linguistics（Long Papers）. 2018：1918-1927.

［48］WANG W H，YANG N，WEI F，et al. Gated Self-Matching Networks for Reading Comprehension and Question Answering［C］// Proceedings of the 55th Annual Meeting of the Association for Computational Linguistics（Volume 1：Long Papers）. 2017：189-198.

［49］YU S，INDURTHI S，BACK S，et al. A Multi-Stage Memory Augemented Neural Network for Machine Reading Comprehension［C］// Proceedings of the Workshop on Machine Reading for Question Answering. 2018：21-30.

［50］LIN Y K，JI H Z，LIU Z Y，et al. Denoising Distantly Supervised Open-Domain Question Answering［C］// Proceedings of the 56th Annual Meeting of the Association for Computational Linguistics（Volume 1：Long Papers）. 2018：1736-1745.

［51］CHEN D Q，FISCH A，WESTON J，et al. Reading Wikipedia to Answer Open-domain Questions［C］//Association for Computational Linguistics. 2017：1870-1879.

［52］LIU S S，ZHANG X，ZHANG S，et al. Neural machine reading comprehension：Methods and trends［J］. Applied Sciences，2019，9（18）：3698.

［53］OSTERMANN S，MODI A，ROTH M，et al. MCScripts：A novel dataset for assessing machine comprehension using script knowledge［EB/OL］. 2018：arXiv：1803.05223.

［54］REDDY S，CHEN DQ，MANNING C D. CoQA：A conversational question answering challenge［J］. Transactions of the Association for Computational Linguistics，2019，7：249-266.

［55］CHOI E，HE H，IYYER M，et al. QuAC：Question Answering in Context［C］// Proceedings of the 2018 Conference on Empirical Methods in Natural Language Processing. 2018：2174-2184.

［56］YATSKAR M. A Qualitative Comparison of CoQA，SQuAD 2.0 and QuAC［C］. In：Proceedings of the 2019 Conference of the North American Chapter of the Association for Computational Linguistics：Human Language Technologies，Volume 1（Long and Short Papers）. 2019：2318-2323.

[57] CLARK C, GARDNER M. Simple and Effective Multi-Paragraph Reading Comprehension [C] // Proceedings of the 56th Annual Meeting of the Association for Computational Linguistics (Long Papers). 2018:845-855.

[58] SEO M, KEMBHAVI A, FARHADI A, et al. Bidirectional attention flow for machine comprehension[J]. 2016:arXiv preprint arXiv:1611.01603.

[59] GU, Y J, GUI X L, LI D F. TT-Net:Topic Transfer-Based Neural Network for Conversational Reading Comprehension[J]. IEEE Access, 2019, 7:116696-116705.

[60] HUANG H Y, CHOI E, YIH W. Flowqa:Grasping flow in history for conversational machine comprehension[EB/OL]. 2018:arXiv:1810.06683.

[61] CHEN D Q, BOLTON J, MANNING C D. A Thorough Examination of the CNN/Daily Mail Reading Comprehension Task [C]// Erk K, Smith N A. STROUDSBURG: ASSOC COMPUTATIONAL LINGUISTICS-ACL, 2016:2358-2367.

[62] HUANG H Y, ZHU C, SHEN Y, et al. Fusionnet:Fusing via fully-aware attention with application to machine comprehension[EB/OL]. 2017:arXiv:1711.07341.

[63] WANG S, JIANG J. Machine comprehension using Match-LSTM and answer pointer [EB/OL]. 2016:Xiv:1608.07905.

[64] YU L, HERMANN K M, BLUNSOM P, et al. Deep learning for answer sentence selection [EB/OL]. 2014:arXiv:1412.1632.

[65] XIONG C, ZHONG V, SOCHER R. Dynamic coattention networks for question answering [EB/OL]. 2016:arXiv:1611.01604.

[66] PETERS M, NEUMANN M, Iyyer M, et al. Deep Contextualized Word Representations [C]// Proceedings of the 2018 Conference of the North American Chapter of the Association for Computational Linguistics:Human Language Technologies, Volume 1 (Long Papers). 2018: 2227-2237.

[67] RADFORD A, NARASIMHAN K, SALIMANS T, et al. Improving language understanding with unsupervised learning[R].Open AI, 2018.

[68] DEVLIN J, CHANG M W, LEE K, et al. Bert:Pre-training of deep bidirectional transformers for language understanding[EB/OL]. 2018:arXiv:1810.04805.

[69] TAN C, WEI F, YANG N, et al.S-Net:From answer extraction to answer generation for machine reading comprehension[EB/OL]. 2017:arXiv:1706.04815.

[70] CLARK C, GARDNER M. Simple and Effective Multi-Paragraph Reading Comprehension

[C]//Meeting of the Association for Computational Linguistics. Stroudsburg: ACL, 2018: 845-855.

[71] ZHANG Y, YANG Q. A survey on multi-task learning[EB/OL]. 2017: arXiv: 1707.08114.

[72] LIN C Y. Rouge: A package for automatic evaluation of summaries[C]//Text summarization branches out. 2004: 74-81.

[73] PAPINENI K, ROUKOS S, WARD T, et al. BLEU: a method for automatic evaluation of machine translation[C]// Proceedings of the 40th annual meeting on association for computational linguistics. Association for Computational Linguistics, 2002: 311-318.

[74] DEERWESTER S, DUMAIS S T, FURNAS G W, et al. Indexing by latent semantic analysis[J]. Journal of the Association for Information Science & Technology, 1990, 41(6): 391-407.

[75] LUND K, BURGESS C . Producing high-dimensional semantic spaces from lexical co-occurrence[J]. Behavior Research Methods, Instruments, & Computers, 1996, 28(2): 203-208.

[76] ROHDE D, GONNERMAN L M, PLAUT D C . An improved model of semantic similarity based on lexical co-occurence[J]. communications of the acm, 2006, 8: 627-633.

[77] BAEZA-YATES R, RIBEIRO-NETO B. Modern information retrieval[M]. New York: ACM Press, 1999.

[78] MIKOLOV T, SUTSKEVER I, CHEN K, et al. Distributed representations of words and phrases and their compositionality[C]// Proceedings of the 26th International Conference on Neural Information Processing Systems. 2013: 3111-3119.

[79] PENNINGTON J, SOCHER R, MANNING C. Glove: Global vectors for word representation[C]//Proceedings of the 2014 conference on empirical methods in natural language processing (EMNLP). 2014: 1532-1543.

[80] PAN B Y, LI H, ZHAO Z, et al. MEMEN: Multi-layer embedding with memory networks for machine comprehension[EB/OL]. 2017: arXiv: 1707.09098.

[81] MIKOLOV T, KARAFIÁT M, BURGET L, et al. Recurrent neural network based language model[C]//Eleventh annual conference of the international speech communication association. 2010.

[82] HAN J, MORAGA C. The influence of the sigmoid function parameters on the speed of back-propagation learning[M]//International Workshop on Artificial Neural Networks. Springer, Berlin, Heidelberg, 1995: 195-201.

［83］FAN E. Extended tanh-function method and its applications to nonlinear equations. Physics Letters A, 2000, 277(4/5): 212-218.

［84］NAIR V, HINTON G E. Rectified linear units improve restricted boltzmann machines［C］// Proceedings of the 27th international conference on machine learning (ICML-10), 2010: 807-814.

［85］HOCHREITER S, SCHMIDHUBER J. Long short-term memory［J］. Neural computation, 1997, 9(8): 1735-1780.

［86］CHO K, van MERRIÉNBOER B, GULCEHRE C, et al. Learning phrase representations using RNN encoder-decoder for statistical machine translation［EB/OL］. 2014: arXiv: 1406.1078.

［87］MELAMUD O, GOLDBERGER J, DAGAN I. context2vec: Learning Generic Context Embedding with Bidirectional LSTM［C］// Proceedings of The 20th SIGNLL Conference on Computational Natural Language Learning. 2016: 51-61.

［88］RENSINK R A. The dynamic representation of scenes［J］. Visual Cognition, 2000, 7(1-3): 17-42.

［89］闫雄, 段跃兴, 张泽华. 采用自注意力机制和CNN融合的实体关系抽取［J］. 计算机工程与科学, 2020, 42 (11): 2059-2066.

［90］DUONG L, COHN T, BIRD S, et al. Low resource dependency parsing: Cross-lingual parameter sharing in a neural network parser［C］// Proceedings of the 53rd annual meeting of the Association for Computational Linguistics and the 7th international joint conference on natural language processing (volume 2: short papers). 2015: 845-850.

［91］YANG Y X, HOSPEDALES T. Deep multi-task representation learning: A tensor factorisation approach［EB/OL］. 2016: arXiv: 1605.06391.

［92］QU C, YANG L, QIU M, et al. Attentive history selection for conversational question answering［C］//Proceedings of the 28th ACM International Conference on Information and Knowledge Management. 2019: 1391-1400.

［93］CONNEAU A, KIELA D, SCHWENK H, et al. Supervised learning of universal sentence representations from natural language inference data［C］// Proceedings of the 2017 Conference on Empirical Methods in Natural Language Processing. 2017: 670-680.

［94］SULTAN M A, BETHARD S, SUMNER T. Feature-rich two-stage logistic regression for monolingual alignment［C］//Proceedings of the 2015 Conference on Empirical Methods in

Natural Language Processing. 2015:949-959.

[95] QU C,YANG L,QIU M,et al. BERT with history answer embedding for conversational question answering[C]// Proceedings of the 42nd International ACM SIGIR Conference on Research and Development in Information Retrieval. 2019:1133-1136.

[96] 周济. 智能制造:"中国制造2025"的主攻方向[J]. 中国机械工程,2015,26(17):2273-2284.

[97] 徐树滋. 2002年世界机床生产和销售统计——中国大陆机床消费居世界首位进口世界第一生产世界第四出口世界第十三[C]. 中国数控机床展览会论文集,2004:62-65.

[98] 曹磊. 数控机床故障诊断系统研究与设计[D]. 南京理工大学,2018.

[99] 黄煜俊. 基于深度学习的裁判文书知识图谱构建研究[D]. 湖北工业大学,2020.

[100] ZHENG W G. Interactive natural language question answering over knowledge graphs[J]. Information Sciences,2019,481:141-159.

[101] CHEN Y R. DAM: Transformer-based relation detection for Question Answering over Knowledge Base[J]. Knowledge-Based Systems,2020,201/202:106077.

[102] YU L Y,GUO Z G,CHEN G,et al. Question answering system based on knowledge graph in air defense field[J]. Journal of Physics Conference Series,2020,1693(1):012033.

[103] LI X,ZANG H Y,YU X Y,et al. On improving knowledge graph facilitated simple question answering system[J]. Neural Computing and Applications,2021,33(16):10587-10596.

[104] HUYNH T T T,DO N V,PHAM T A N,et al. A semantic document retrieval system with semantic search technique based on knowledge base and graph representation [C]. New Trends in Intelligent Software Methodologies,Tools and Techniques. IOS Press,2018:870-882.

[105] WU Q Y,FU D K,SHEN B J,et al. Semantic service search in IT crowdsourcing platform: A knowledge graph-based approach[J]. International Journal of Software Engineering and Knowledge Engineering,2020,30(6):765-783.

[106] KAUR M,SALIM F D,REN Y L,et al. Joint Modelling of Cyber Activities and Physical Context to Improve Prediction of Visitor Behaviors[J]. ACM Transactions on Sensor Networks,2020,16(3):1-25.

[107] WANG Z,ZHANG J W,FENG J,et al. Knowledge graph and text jointly embedding[C]// Proceedings of the 2014 conference on empirical methods in natural language processing. 2014:1591-1601.

[108] BABOUR A,JAVED I,NAFA F,et al. Discovery engine for finding hidden connections in

prose comprehension from references[J]. International Journal of Advanced Computer Science and Applications,2021,12(1):334-337.

[109] MA J T. Entity Disambiguation with Markov Logic Network Knowledge Graphs[J]. International Journal of Performability Engineering,2017,13(8):1293.

[110] ZHU G,IGLESIAS C A. Exploiting semantic similarity for named entity disambiguation in knowledge graphs[J]. Expert Systems With Applications,2018,101:8-24.

[111] AHMADNIA B,DORR B J,KORDJAMSHIDI P. Knowledge graphs effectiveness in neural machine translation improvement[J]. Computer Science,2020,21(3):299-318.

[112] BOLLACKER K,EVANS C,PARITOSH P,et al. Freebase:a collaboratively created graph database for structuring human knowledge[C]//Proceedings of the 2008 ACM SIGMOD International Conference on Management of Data,2008:1247-1250.

[113] BIZER C,LEHMANN J,KOBILAROV G,et al. DBpedia-A crystallization point for the Web of Data[J].Journal of Web Semantics,2009,7(3):154-165.

[114] 黄魏龙.基于深度学习的医药知识图谱问答系统构建研究[D].武汉:华中科技大学,2019.

[115] KWIATKOWSKI T,ZETTLEMOYER L,GOLDWATER S,et al. Lexical generalization in CCG grammar induction for semantic parsing[C]//Proceedings of the 2011 Conference on Empirical Methods in Natural Language Processing. 2011:1512-1523.

[116] 黄恒琪,于娟,廖晓,等.知识图谱研究综述[J].计算机系统应用,2019,28(6):1-12.

[117] LENAT D B,PRAKASH M,SHEPHERD M. CYC:Using common sense knowledge to overcome brittleness and knowledge acquisition bottlenecks[J]. AI magazine,1986,6(4):65-85.

[118] BERNERS-LEE T,HENDLER J,LASSILA O. The Semantic Web[J]. Scientific American,2003,284(5):34-43.

[119] BERNERS-LEE T,O'HARA K. The read-write linked data web[J]. Philosophical Transactions,2013,371(1987):20120513.

[120] SINGIHAL A. Introducing the knowledge graph:things, not strings [EB/OL]. (2012)[2021-03-22]. https://blog.google/products/search/introducing-knowledge-graph-things-not/.

[121] KEKKONEN T,HÄNNINEN H. The effect of heat treatment on the microstructure and corrosion resistance of inconel X-750 alloy[J]. Corrosion science,1985,25(8-9):789-803.

[122] WENTAO W,HONGSONG L,HAIXUN W,et al. Probase[P]. Probase:a probabilistic tax-

onomy for text understanding[C].Management of Data.ACM,2012.

[123] MILLS W. Fracture surface micromorphology of Inconel X-750 at room temperature and elevated temperatures[R]. Richland:Hanford Engineering Development Lab,1977.

[124] PAULHEIM H,PONZETTO S P. Extending DBpedia with Wikipedia List Pages[C]. NLP-DBPEDIA'13 2013,1064:1-6.

[125] SUCHANEK F M,KASNECI G,WEIKUM G. Yago:a core of semantic knowledge[C]// Proceedings of the 16th international conference on World Wide Web. 2007:697-706.

[126] MISHRA B,MOORE J J. Effect of single aging on stress corrosion cracking susceptibility of INCONEL X-750 under PWR conditions[J]. Metallurgical Transactions A,1988,19(5):1295-1304.

[127] DONG X,GABRILOVICH E,HEITZ G,et al. Knowledge vault:A web-scale approach to probabilistic knowledge fusion[C]// Proceedings of the 20th ACM SIGKDD international conference on Knowledge discovery and data mining. 2014:601-610.

[128] 王蕾,谢云,周俊生,等.基于神经网络的片段级中文命名实体识别[J].中文信息学报,2018,32(3):84-90,100.

[129] 王宁,葛瑞芳,苑春法,等.中文金融新闻中公司名的识别[J].中文信息学报,2002,16(2):1-6.

[130] SARI W P,ARIF B M,HUDA A F. Indexing name in hadith translation using hidden markov model(HMM)[C]// 2019 7th International Conference on Information and Communication Technology. 2019:1-5.

[131] CLAESER D,KENT S,FELSKE D. Multilingual named entity recognition on Spanish-English code-switched tweets using support vector machines[C]// Proceedings of the Third Workshop on Computational Approaches to Linguistic Code-Switching. 2018:132-137.

[132] SONG S L,ZHANG N,HUANG H T. Named entity recognition based on conditional random fields[J]. Cluster Computing,2019,22(3):5195-5206.

[133] GASMI H,LAVAL J,BOURAS A. Information extraction of cybersecurity concepts:an LSTM approach[J]. Applied Sciences,2019,9(19):3945.

[134] GIORGI J M,BADER G D. Towards reliable named entity recognition in the biomedical domain[J]. Bioinformatics,2020,36(1):280-286.

[135] MIKOLOV T,CHEN K,CORRADO G,et al. Efficient estimation of word representations in vector space[EB/OL]. 2013:arXiv:1301.3781.

[136] 田梓函,李欣.基于BERT-CRF模型的中文事件检测方法研究[J].计算机工程与应用,2021,57(11):135-139.

[137] HONG Y S,SCC D,YI A,et al. Combination of fractional order derivative and memory-based learning algorithm to improve the estimation accuracy of soil organic matter by visible and near-infrared spectroscopy-Science Direct[J]. CATENA,2019,174:104-116.

[138] LIU C Y,SUN W B,CHAO W H,et al. Convolution neural network for relation extraction [M] // International Conference on Advanced Data Mining and Applications. Springer,Berlin,Heidelberg,2013:231-242.

[139] KATIYAR A,CARDIE C. Going out a limb:Joint extraction of entity mentions and relations without dependency trees[C]. Proceedings of the 55th Annual Meeting of the Association for Computational Linguistics. 2017:917-928.

[140] 彭博.融合知识图谱与深度学习的文物信息资源实体关系抽取方法研究[J].现代情报,2021,41(5):87-94.

[141] 赵倩.数控设备故障知识图谱的构建与应用[J].航空制造技术,2020,63(3):96-102.

[142] 赵祥龙.基于第三方云平台的车辆故障知识图谱构建[D].成都:西南交通大学,2019.

[143] 刘鑫.面向故障分析的知识图谱构建技术研究[D].北京:北京邮电大学,2019.

[144] 李炊峰.基于边缘计算的数控机床热误差补偿控制器的设计与实现[D].武汉:武汉理工大学,2019.

[145] 刘启,林子超,沈彬,等.基于自编码卷积神经网络的机床状态聚类技术分析[J].机械设计与研究,2020,36(3):141-147.

[146] 付振华,丁杰雄,张信,等.多传感器融合在数控机床故障诊断中的应用研究[J].机械设计与制造,2014(2):140-142,145.

[147] 陆世民,李作康,刘璐,等.数控机床时序数据存储与查询系统研究[J].组合机床与自动化加工技术,2019(7):30-33.

[148] BA P,PN S,PM S. Shop floor to cloud connect for live monitoring the production data of CNC machines[J]. International Journal of Computer Integrated Manufacturing,2020,33(2):142-158.

[149] 邹旺.数字化车间制造过程数据采集与智能管理研究[D].贵阳:贵州大学,2018.

[150] 温德涌.浅谈数控机床的故障诊断与排除[J].机电工程技术,2005,34(8):116-118,138.

[151] 王润孝,高利辉,薛俊峰.柔性制造系统(FMS)故障诊断技术研究综述[J].机械科学与

技术,2006,25(2):127-132.

[152] 马振林,于英杰.基于RBR和CBR的故障诊断专家系统研究[J].微计算机信息,2010,26(4):111-112,130.

[153] 张尧.故障诊断专家系统知识获取方法研究与实现[D].长春:吉林大学,2015.

[154] 李业顺,毕凯,赵世磊.基于知识发现和数据挖掘技术的诊断专家系统的研究[J].电子技术与软件工程,2018(1):141-142.

[155] 王家海,刘旭超,彭劼扬.基于西门子808D数控系统的机床故障诊断专家系统研究[J].数字技术与应用,2019,37(1):1-3.

[156] 李遇春.基于贝叶斯网络的数控机床远程智能故障诊断研究[D].杭州:浙江大学,2010.

[157] 刘绪忠,宋春咏,孙磊,等.基于知识图谱的故障智能诊断手段研究[J].山东通信技术,2019,39(2):18-20.

[158] 陈晓军,向阳.STransH:一种改进的基于翻译模型的知识表示模型[J].计算机科学,2019,46(9):184-189.

[159] WANG Z,ZHANG J W,FENG J L,et al. Knowledge graph embedding by translating on hyperplanes[C]//Proceedings of the AAAI Conference on Artificial Intelligence. 2014, 28(1):1112-1119.

[160] LIN Y K,LIN Y K,LIU Z Y,et al. Learning entity and relation embeddings for knowledge graph completion[C]. In AAAI,2015,29(1):2181- 2187.

[161] FAN M,ZHOU Q,CHANG E,et al. Transition-based knowledge graph embedding with relational mapping properties[C]. In PACLIC,2014:328-337.

[162] BORDES A,GLOROT X,WESTON J,et al. A semantic matching energy function for learning with multi-relational data[J]. Machine Learning,2014,94(2):233-259.

[163] BORDES A,WESTON J,COLLOBERT R. Learning Structured Embeddings of Knowledge Bases[C]// Proceedings of the Twenty-Fifth AAAI Conference on Artificial Intelligence,AAAI 2011,San Francisco,California,USA,August 7-11,2011:301-306.

[164] SOCHER R,CHEN D,MANNING C D,et al. Reasoning with neural tensor networks for knowledge base completion[C]//Proceeding of the 26th International Conference on Intelligent Control & Information Processing,2013:926-934.

[165] TROUILLON T,WELBL J,RIEDEL S,et al. Complex embeddings for simple link prediction[C]// International Conference on Machine Learning,2016:2071-2080.

[166] LIN Y K, LIU Z Y, LUAN H B, et al. Modeling relation paths for representation learning of knowledge bases[EB/OL]. 2015: arXiv preprint arXiv: 1506.00379.

[167] 刘知远,孙茂松,林衍凯,等. 知识表示学习研究进展[J]. 计算机研究与发展,2016,53(2):247-261.

[168] 彭敏,姚亚兰,谢倩倩,等. 基于带注意力机制CNN的联合知识表示模型[J]. 中文信息学报,2019,33(2):51-58.

[169] 王家海,黄江涛,沈斌,等. 数控机床智能故障诊断技术的研究现状与展望[J]. 机械制造,2004,52(5):30-32.

[170] WANG Q, MAO Z, WANG B, et al. Knowledge graph embedding: A survey of approaches and applications [J]. IEEE Transactions on Knowledge and Data Engineering, 2017, 29 (12):2724-2743.

[171] 袁凯琦,邓扬,陈道源,等. 医学知识图谱构建技术与研究进展[J]. 计算机应用研究,2018,35(7):1929-1936.

[172] 杨笑然. 基于知识图谱的医疗专家系统[D]. 杭州:浙江大学,2018.

[173] 李兆龙. 基于领域本体的旅游信息检索系统研究与实现[D]. 北京:北京邮电大学,2012.

[174] 化立志. 基于知识图谱的领域知识库管理系统的设计与实现[D]. 北京:北京邮电大学,2018.

[175] 袁琦,刘渊,谢振平,等. 宠物知识图谱的半自动化构建方法[J]. 计算机应用研究,2020,37(1):178-182.

[176] 周博通,孙承杰,林磊,等. 基于LSTM的大规模知识库自动问答[J]. 北京大学学报(自然科学版),2018,54(2):286-292.

[177] 陈曙东,欧阳小叶. 命名实体识别技术综述[J]. 无线电通信技术,2020,46(3):251-260.

[178] 江千军,桂前进,王磊,等. 命名实体识别技术研究进展综述[J]. 电力信息与通信技术,2022,22(2):15-24.

[179] 孙茂松,黄昌宁,高海燕,等. 中文姓名的自动辨识[J]. 中文信息学报,1995,9(2):16-27.

[180] LAFFERTY J, MCCALLUM A, PEREIRA F C N. Conditional random fields: Probabilistic models for segmenting and labeling sequence data [C]// Proceedings of the 18th International Conference on Machine Learning 2001.2001:282-289.

［181］温伟健.深度神经网络性能和规模的量化分析［D］.广州:暨南大学,2020.

［182］BAI F,RITTER A. Structured minimally supervised learning for neural relation extraction ［J］. 2019:arXiv:1904.00118.

［183］LIN C,MILLER T,DLIGACH D,et al. Self-traning improves recurrent neural networks performance for temporal relation extraction［C］// Proceedings of the 9th Int Workshop on Health Text Mining and Information Analysis. Stroundsburg:ACL. 2018:165-176.

［184］ZHOU P,SHI W,TIAN J,et al. Attention-based bidirectional long short term memory networks for relation classification［C］// Proceedings of the 54th Annual Meeting of the Association for Computational Linguistics. Stroudsburg:ACL,2016:207-212.

［185］MINTZ M,BILLS S,SNOW R,et al. Distant supervision for relation extraction without labeled data［C］// Proceedings of the Joint Conference of the 47th Annual Meeting of the ACL and the 4th International Joint Conference on Natural Language Processing of the AFNLP. 2009:1003-1011.

［186］MARTINA E,MARJAN H,TATJAN D,et al. Applying k-vertex cardinality constraints on a Neo4j graph database［J］. Future generation computer systems,2021,115:459-474.

［187］DRAKOPOULOS G,BAROUTIADI A,MEGALOOIKONOMOU V. Higher order graph centrality measures for Neo4j［C］// 2015 6th International Conference on Information,Intelligence,Systems and Applications (IISA). IEEE,2015:1-6.

［188］BROOKS J. A virtualization virtuoso［J］. eWeek,2006,23(14):41-42,46.

［189］MOHAMED A,AUER D,HOFER D,et al. Extended authorization policy for graph-structured data［J］. Computer Science,2021,2(5):1-18.

［190］SHARMA M. Azure Cosmos DB-MongoDB API advanced Services［M］//Cosmos DB for MongoDB Developers,Berkeley,CA: Apress,2018:191-204.

［191］RANNOU P,LEBONNOIS S,HOURDIN F,et al. Titan atmosphere database［J］. Advances in Space Research,2005,36(11):2194-2198.

［192］MCKNIGHT W. Graph Databases ［M］// Information Management. Amsterdam: Elsevier, 2014(1):120-131.

［193］WANG J Y,CHEN Z A,NIU J C,et al. AABC:ALBERT-BiLSTM-CRF Combining with Adapters［M］// Knowledge Science,Engineering and Management. Cham:Springer,International Publishing,2021:294-305.

［194］DAI Z J,WANG X T,NI P,et al. Named entity recognition using BERT BiLSTM CRF for

Chinese electronic health records[C]//2019 12th International Congress on Image and Signal Processing, BioMedical Engineering and Informatics (CISP-BMEI). Suzhou, China. IEEE,2019:1-5.

[195] LI Z N. Causality extraction based on self-attentive BiLSTM-CRF with transferred embeddings[J]. Neurocomputing,2021,423:207-219.

[196] SABLATNIG R, KROPATSCH W G. Application constraints in the design of an automatic reading device for analog display instruments[C]//Proceedings of 1994 IEEE Workshop on Applications of Computer Vision. Sarasota, FL, USA. IEEE, 2002: 205-212.

[197] SABLATNIG R. Visual inspection of watermeters used for automatic calibration[M]//Lecture Notes in Computer Science. Berlin, Heidelberg: Springer Berlin Heidelberg, 1995: 518-519.

[198] CORRÊA ALEGRIA F, CRUZ SERRA A. Computer vision applied to the automatic calibration of measuring instruments[J]. Measurement, 2000, 28(3): 185-195.

[199] 房桦, 明志强, 周云峰, 等. 一种适用于变电站巡检机器人的仪表识别算法[J]. 自动化与仪表, 2013, 28(5): 10-14.

[200] 施健, 张冬, 何建国, 等. 一种指针式化工仪表的远程抄表设计方法[J]. 自动化仪表, 2014, 35(5): 77-79.

[201] 李学聪, 汪仁煌, 唐苏湘, 等. 指针式仪表图像的六步预处理方法[J]. 电测与仪表, 2012, 49(12): 28-31.

[202] 左丹丹, 刘鑫, 朱双东. 仿射变换在交通标志检测中的应用[J]. 宁波大学学报(理工版), 2011, 24(2): 42-45.

[203] 曾文锋, 李树山, 王江安. 基于仿射变换模型的图像配准中的平移、旋转和缩放[J]. 红外与激光工程, 2001, 30(1): 18-20.

[204] 余明扬, 朱齐果, 王一军. 基于Canny算子和Radon变换的轨道图像校正方法[J]. 计算机应用, 2017, 37(S2): 92-94.

[205] 贾晓丹, 李文举, 王海姣. 一种新的基于Radon变换的车牌倾斜校正方法[J]. 计算机工程与应用, 2008, 44(3): 245-248.

[206] 周冠玮, 平西建, 程娟. 基于改进Hough变换的文本图像倾斜校正方法[J]. 计算机应用, 2007, 27(7): 1813-1816.

[207] 代勤, 王延杰, 韩广良. 基于改进Hough变换和透视变换的透视图像矫正[J]. 液晶与显示, 2012, 27(4): 552-556.

[208] 高学, 赵经纬. 一种基于深度学习的指针式水表读数检测方法: CN109840497A[P]. 2019-06-04.

[209] 周丽, 冯百明, 关煜, 等. 面向智能手机拍摄的变形文档图像校正[J]. 计算机工程与科学, 2022, 44(1): 102-109.

[210] 戴雯惠, 樊凌. 基于改进透视变换的畸变图像校正方法研究[J]. 信息通信, 2020, 33(11): 63-65.

[211] 陈梦迟, 黄文君, 张阳阳, 等. 基于机器视觉的工业仪表识别技术研究[J]. 控制工程, 2020, 27(11): 1995-2001.

[212] 高华宙. 指针式仪表读数自动识别算法及系统研究[J]. 机械管理开发, 2023, 38(1): 93-95.

[213] 李治玮, 郭戈. 一种新型指针仪表识别方法研究[J]. 微计算机信息, 2007, 23(31): 113-114.

[214] 张文杰, 熊庆宇, 张家齐, 等. 基于视觉显著性的指针式仪表读数识别算法[J]. 计算机辅助设计与图形学学报, 2015, 27(12): 2282-2295.

[215] 高建龙, 郭亮, 吕耀宇, 等. 改进ORB和Hough变换的指针式仪表识读方法[J]. 计算机工程与应用, 2018, 54(23): 252-258.

[216] 张雪飞, 黄山. 多类指针式仪表识别读数算法研究[J]. 电测与仪表, 2020, 57(16): 147-152.

[217] 孙顺远, 魏志涛. 基于刻度轮廓拟合的指针式仪表自动识别方法[J]. 仪表技术与传感器, 2022(8): 51-57.

[218] 宫倩, 别必龙, 范新南, 等. 基于关键点检测的指针仪表读数算法[J/OL]. 电子测量与仪器学报: 1-9[2023-04-25].

[219] LIU S G, LIU M Y, HE Y. Checking on the quality of gauge panel based on wavelet analysis [C]//Proceedings of International Conference on Machine Learning and Cybernetics. Beijing, China. IEEE, 2003: 763-767.

[220] 赵书涛. 基于计算机视觉的直读仪表校验方法研究[D]. 保定: 华北电力大学(河北), 2006.

[221] 陈锟剑, 李竹, 周依莎, 等. 基于文本特征及二次矫正的指针式仪表自动读数算法[J]. 计算机工程与科学, 2022, 44(11): 1985-1994.

[222] 孙凤杰, 郭凤顺, 范杰清, 等. 基于图像处理技术的表盘指针角度识别研究[J]. 中国电机工程学报, 2005, 25(16): 73-78.

［223］YUE X F, MIN Z, ZHOU X D, et al. The research on auto-recognition method for analogy measuring instruments［C］//2010 International Conference on Computer, Mechatronics, Control and Electronic Engineering. Changchun. IEEE, 2010: 207-210.

［224］曲仁军, 徐珍珍, 张永军. 嵌入式环境指针式仪表快速识别算法研究［J］. 软件, 2012, 33（8）: 138-143.

［225］陶金, 林文伟, 曾亮, 等. 基于YOLOv4-tiny和Hourglass的指针式仪表读数识别［J/OL］. 电子测量与仪器学报: 1-10［2023-04-25］.

［226］QIU Q, CAO S S, WU J Z, et al. Pointer instrument image recognition system for veterinary drug production based on RFID and deep learning［J］. Journal of Physics: Conference Series, 2020, 1650（3）: 032139.

［227］ZHOU D K, YANG Y, ZHU J E, et al. Intelligent reading recognition method of a pointer meter based on deep learning in a real environment［J］. Measurement Science and Technology, 2022, 33（5）: 055021.

［228］刘葵. 基于深度学习的指针式仪表示数识别［D］. 武汉: 华中科技大学, 2017.

［229］邢浩强, 杜志岐, 苏波. 变电站指针式仪表检测与识别方法［J］. 仪器仪表学报, 2017, 38（11）: 2813-2821.

［230］LIU Y, LIU J, KE Y C. A detection and recognition system of pointer meters in substations based on computer vision［J］. Measurement, 2020, 152: 107333.

［231］周杨浩, 刘一帆, 李琛. 一种自动读取指针式仪表读数的方法［J］. 山东大学学报（工学版）, 2019, 49（4）: 1-7.

［232］徐发兵, 吴怀宇, 陈志环, 等. 基于深度学习的指针式仪表检测与识别研究［J］. 高技术通讯, 2019, 29（12）: 1206-1215.

［233］ZHANG J, ZUO L, GAO J W, et al. Digital instruments recognition based on PCA-BP neural network［C］//2017 IEEE 2nd Information Technology, Networking, Electronic and Automation Control Conference (ITNEC). Chengdu, China. IEEE, 2018: 928-932.

［234］司朋伟, 樊绍胜. 电力机房巡检机器人的指针式仪表识别算法［J］. 信息技术与网络安全, 2019, 38（4）: 50-55.

［235］ZHENG X X, CHEN X, ZHOU X, et al. Pointer instrument recognition algorithm based on haar-like feature and polar expansion［C］//2018 IEEE 3rd International Conference on Image, Vision and Computing (ICIVC). Chongqing, China. IEEE, 2018: 188-193.

［236］贺嘉琪. 基于深度学习的指针式仪表示数自动识别的研究与应用［D］. 北京: 北京邮电

大学, 2019.

[237] ZUO L, HE P L, ZHANG C H, et al. A robust approach to reading recognition of pointer meters based on improved mask-RCNN[J]. Neurocomputing, 2020, 388: 90-101.

[238] 李俊, 袁亮, 冉腾. 基于YOLOv4的指针式仪表自动检测和读数方法研究[J]. 机电工程, 2021, 38(7): 912-917.

[239] 戴斐, 甘成愿. 基于YOLO检测器的指针式表盘测量系统[J]. 微型电脑应用, 2021, 37 (10): 111-114.

[240] DAI C, GAN Y F, ZHUO L, et al. Intelligent ammeter reading recognition method based on deep learning[C]//2019 IEEE 8th Joint International Information Technology and Artificial Intelligence Conference (ITAIC). Chongqing, China. IEEE, 2019: 25-29.

[241] FANG Y X, DAI Y, HE G L, et al. A mask RCNN based automatic reading method for pointer meter[C]//2019 Chinese Control Conference (CCC). Guangzhou, China. IEEE, 2019: 8466-8471.

[242] 何配林. 基于深度学习的工业仪表识别读数算法研究及应用[D]. 成都: 电子科技大学, 2020.

[243] LIU J L, WU H Y, CHEN Z H. Automatic identification method of pointer meter under complex environment[C]//Proceedings of the 2020 12th International Conference on Machine Learning and Computing. Shenzhen, China. New York: ACM, 2020: 276-282.

[244] 万吉林, 王慧芳, 管敏渊, 等. 基于Faster R-CNN和U-Net的变电站指针式仪表读数自动识别方法[J]. 电网技术, 2020, 44(8): 3097-3105.

[245] CAI W D, MA B, ZHANG L, et al. A pointer meter recognition method based on virtual sample generation technology[J]. Measurement, 2020, 163: 107962.

[246] 陈玖霖, 周运森. 基于YOLO目标检测的指针式仪表读数方法[C]//2021中国自动化大会论文集. 北京, 2021: 222-227.

[247] ZHANG Q Q, BAO X A, WU B, et al. Water meter pointer reading recognition method based on target-key point detection[J]. Flow Measurement and Instrumentation, 2021, 81: 102012.

[248] SUN J J, HUANG Z Q, ZHANG Y X. A novel automatic reading method of pointer meters based on deep learning[J]. Neural Computing and Applications, 2023, 35(11): 8357-8370.

[249] 戴威, 陆小锋, 钟宝燕, 等. 一种基于视觉分析的指针式仪表智能抄读方法[J]. 计算机技术与发展, 2023, 33(1): 200-205.

[250] 陈伟伟, 武伟. 基于Hough变换的直线和圆提取方法[J]. 电子质量, 2019(2): 17-19.

[251] 陈燕新, 戚飞虎. 一种新的基于随机Hough变换的椭圆检测方法[J]. 红外与毫米波学报, 2000, 19(1): 43-47.

[252] ZHU J L, AI Y F, TIAN B, et al. Visual place recognition in long-term and large-scale environment based on CNN feature [C]//2018 IEEE Intelligent Vehicles Symposium (IV). Changshu, China. IEEE, 2018: 1679-1685.

[253] 骆焦煌. 基于卷积神经网络的粗粒度数据分布式算法[J]. 吉林大学学报(理学版), 2020, 58(4): 906-912.

[254] 巫春庆. 基于神经网络的变电所指针式仪表识别读数方法研究[D]. 石家庄: 石家庄铁道大学, 2022.

[255] LIU Y F, LU B H, PENG J Y. Research on the Use of YOLOv5 Object Detection Algorithm in Mask Wearing Recognition [J]. World Scientific Research Journal, 2020, 6(11): 276-284.

[256] 谈世磊, 别雄波, 卢功林, 等. 基于YOLOv5网络模型的人员口罩佩戴实时检测[J]. 激光杂志, 2021, 42(2): 147-150.

[257] 张增光. 基于深度学习的指针式仪表读数识别的方法研究[D]. 哈尔滨: 哈尔滨工程大学, 2020.

[258] 沈卫东, 李文韬, 刘娟, 等. 基于改进Canny边缘检测的指针式仪表自动读数算法研究[J]. 国外电子测量技术, 2021, 40(2): 60-66.

[259] 张香怡. 基于机器视觉的指针式仪表智能读数方法研究[D]. 北京: 中国石油大学(北京), 2021.

[260] WANG J F, SONG L, LI Z M, et al. End-to-end object detection with fully convolutional network [C]//2021 IEEE/CVF Conference on Computer Vision and Pattern Recognition (CVPR). Nashville, TN, USA. IEEE, 2021: 15844-15853.